幸福的工作在哪裡？

週一早晨也想上班！
下班後酒吧裡的行銷課，
教你找到理想工作的行銷公式

井上大輔 著
陳維玉 譯

本書構思

希望能夠幸福地工作。希望那是一個在周一早晨睜開雙眼醒來時，會對即將展開的一週感到無比雀躍、期待的幸福工作。

即使不出人頭地也沒關係，不聲名大噪也無妨，只希望尋找到自己「真正想做的事」，並且能找到任何人都無法破壞的工作方式。

這本書正是為了有這樣想法的人而寫。

無法找到這樣「幸福的工作」，可能只是因為你不知道「找到它的方法」。

我從市場行銷的思維學到了這個方法，既能凸顯自我性格的特質，也能對他人有所貢獻。例如凸顯自我性格特質就像市場行銷中的「差異化」，對他人有所貢獻即是「需求」的想法，這些概念都啟發了我。

本書是一部小說，描寫三名男女透過一位與眾不同的老師開設的課程，學會以上這些觀念，並在這樣的過程中各自找到屬於自己幸福工作的故事。

現在就讓我們翻開這本書，讓自己投入追求幸福工作的世界中吧！這將是你尋找幸福工作的第一個步驟。

序章

「那位桃太郎社長，以前竟然是個『魯蛇員工』？」

在陌生的吧檯邊、坐著不習慣的高腳椅的我，驚訝到腳從踏腳處一滑，差一點兒就摔了下來。阿蔻忍不住「噗哧」的笑出聲，然後默默地低著頭，肩膀抖動了好一陣子。這就是阿蔻獨具風格的「爆笑」。

「對呀！」

好不容易止住笑意的阿蔻，側著頭用右手抹去眼角的淚水，擠出了這句話。

「桃太郎社長」的全名是川上桃太郎，是我任職的美國大型資訊解決方案企業岱爾飛（Delphi）日本分公司的現任社長。

在日本岱爾飛將近四十年的歷史中，他是唯一一位擠上社長位置的日本人。現年四十五歲的他，四十一歲就當上總裁，也創下公司有史以來最年輕的紀錄。身高一八〇公分、高大挺拔的桃太郎社長，五官帶著點國際感，但正如他的名字所示，是個土生土長的日本人，既非海外歸國者的子女，也沒有國外留學的經驗。

岱爾飛公司的員工，即使是高階主管，平日穿著以商務休閒風為主。但桃太郎社長卻總是穿著量身訂製的西裝，搭配一條筆挺的領帶。

去洗手間時，也不會脫掉西裝外套的習慣，是員工之間津津樂道的話題。

社長是個車迷，也喜歡打高爾夫球和重量訓練。在家裡擺滿了健身房似的各式重訓器材。

話說回來，為什麼我對桃太郎社長的私人生活那麼清楚？其實這在公司裡已經是公開的祕密。因為社長常常在Instagram（簡稱ＩＧ）上更新他的個人動態。

一畢業就進公司，到現在已七年，卻毫無存在感的我，在工作上幾乎沒有機會和桃太郎社長直接接觸。

「太不敢相信了！對我來說，他根本就是個活生生的傳奇人物呢！我有幾次在開會時坐在後排旁聽桃太郎社長的發言。真的就像大家說的那樣，犀利又精準！」

「可是在那個時候，他真的只是個累贅呀！」阿蔻接著說，「但他居然能硬撐著不辭職，光是這點我當時就覺得超不可思議……」

「我原本以為能當上社長的人，從進公司那一刻開始，就是身處異次元空間的頂尖紅人了呢！那當時公司的超級紅人又是哪位呢？」

我一邊思索一邊開口問著。阿蔻抬頭看著眼前的威士忌酒架，一邊輕輕地晃動威士忌蘇打杯裡切成長型的冰塊。

內田麻子小姐是桃太郎先生的助理，大家都習慣叫她阿蔻[1]。阿蔻話不多，卻對每個人都很親切，沒有距離感。她渾身散發著一種溫暖而包容的氣場，總讓人不自覺地被吸引靠近，有種難以言喻的魅力。

她和話多卻個性冷酷、總是讓人不敢輕易靠近的桃太郎社長，是個鮮明的對比。

阿蔻和桃太郎是同期進公司的，阿蔻在大家面前習慣稱呼桃太郎為「桃先生」，但偶爾也會直接喊他的名字「桃太郎」。

也正因如此，公司內部一直流傳著這樣的謠言，「單身的阿蔻和桃太郎兩人，是不是正在交往？」

這樣的傳聞，在公司裡從沒停過。

「是不是紅人我是不知道啦，但那時被選上ＧＬＰ的可是我呢！」

我聽到這句差點又滑了一下，但好在這次雙腳有穩穩踩住橫桿，總算勉強穩住。

ＧＬＰ是「全球領導力培訓計畫」（Global Leadership Program）的縮寫，這是岱爾飛公司特有的優秀人才培育制度。從全球各地選拔未來的高階主管人才，並為他們提供最頂尖的訓練。獲選為ＧＬＰ的員工，不僅能取得將來在總公司擔任管理職的機會，還有參加特別專業培訓的權利，並會配有一位能討論職涯發展與工作的導師（mentor）。

每年全球的ＧＬＰ計畫錄取名額原本就極少，且因為英語能力的門檻極高，本來日本分公司能被選上的人更是屈指可數。

「什麼？阿蔻妳竟然是ＧＬＰ成員？那妳真的去過總公司？」

「是啊，在那邊待了三年。」

1 譯註：麻子的日文念法為 Asako，取其略稱 Ako 為暱稱。這裡用日文暱稱 Ako 的諧音取名為「阿蔻」。

「這也太厲害了吧！我還記得剛進公司的時候，聽人資說明公司許多人事制度時，曾經提過日本分公司在過去十多年來，只有一個人曾經入選ＧＬＰ……原來那個人就是妳呀？」

聽到我說完，阿蔻輕輕咬住下唇，緩緩點了點頭。

我會決定開始去參加離家一站距離的格鬥技健身房訓練課程，是因為健康檢查結果實在慘不忍睹，不能再忽視自己缺乏運動的問題。另外也希望自己能培養「自信」和鍛鍊「不服輸的鬥志」。

在第三次練習結束，我坐在地板上伸展放鬆時，竟然意外的遇見了阿蔻。

那次對我倆而言，幾乎可以算是第一次見面。

之前曾有幾次因為要確認桃太郎的行程而透過電子郵件聯絡，另外就是在同期同事邀約的公司聚會上，曾經見過一次面而已。

因此，對我來說，阿蔻竟然還會記得我的這件事本身，就讓我驚喜萬分。

或許，能牢牢記住員工的長相和名字，對於身為健忘主管助理的阿蔻而言，是一項重要的工作。

阿蔻是這間健身房的資深會員，聽說從十年前健身房剛成立時就一直來這裡上課。纖瘦的阿蔻，與踢拳（Kickboxing）這項格鬥運動似乎有些沾不上邊；然而她那沉穩、不輕易被任何事物動搖的堅韌性格，確實像極了真正的格鬥家。

我一邊若有所思地想著這些事，一邊和阿蔻漫無目的閒聊著，偶然發現彼此住處最近的車站竟然都是附近的佑天寺！於是，那天兩人就決定去佑天寺站附近、阿蔻朋友經營的酒吧「棲之木」小酌一杯。

「說到『累贅』這個詞啊！現在應該沒人比我更適合了吧？」我苦笑著說，「這幾年來，我一直以『不被炒魷魚』這個目標努力到現在，但老實說，我覺得也差不多該換跑道了。現在說來有點可笑，我覺得自己好像不適合這間公司。」

「為什麼？」

「因為我的主管跟我說，要在這種公司生存下去，光會做事是不夠的，還得具備自信和鬥志。」

「那一郎你自己也這麼想嗎？」

「我確實覺得包括桃太郎在內，能爬到公司高階主管位子的人，各個都自信滿滿，而且充滿鬥志。桃太郎以前就是這樣的人嗎？」

「這點倒是從以前開始都沒變過。」

「那自信和鬥志真的那麼重要嗎？」

「不過，桃太郎反而因為太有自信和鬥志高昂，剛開始的前幾年完全不被看好。」

「什麼？因為有自信和鬥志，反而不被看好嗎？」

「他那時總是一副我比那些傢伙能力好的態度，讓人覺得很難相處。偏偏那時他的業績表現也很普通，結果就變成公司裡的邊緣人，格格不入的感覺。」

「這種人的確很討人厭。不過，一般說來這類人「最常見」的結局，不是大都抑鬱不得志而心灰意冷，最後被公司掃地出門的嗎？桃太郎是有什麼不一樣的地方嗎？」

阿蔻聽我這樣一問，又再次望著威士忌的酒架，手指開始撥弄起威士忌蘇打裡的冰塊。威士忌蘇打幾乎已經喝完，失去浮力的冰塊，無法順利旋轉，只能和杯子互相敲擊，發出叩咚叩咚的聲音。

下個瞬間，阿蔻突然轉向我，看著我的眼睛說道：

是「博士的市場行銷課。」

✤

說到「市場行銷」，老實說，我對這個詞的印象並不好。

在IG和X（原為推特Twitter）上看到的市場行銷技巧，很多都讓人覺得像是充滿噱頭、想引人注意點閱的資訊銷售詐騙。而且，公司內的市場行銷部門，也說不上是什麼有人氣的部門。

岱爾飛的業務模式，簡單來說，就是從世界各地的資訊科技公司採購解決方案，再銷售給日本當地企業，也就是一家經營「業務委託外包」的公司。換句話說，這是一間徹底以銷售販賣為導向的企業。

雖說公司的確設有市場行銷部門，但除了每年負責舉辦兩次的「岱爾飛博覽會」（Delphi Expo）這類針對客戶公司的宣傳活動外，這個部門到底在做什麼，連我這種在公司待了七年的人，也搞不清楚他們平常在幹嘛。

還記得以前曾有位被調去市場行銷部的前輩，半開玩笑地說過：「如果把市場行銷部門當作電影裡的角色來看，那它既不是主角，也不是配角，而是個臨時演員。」

而公司裡真正的主角當然是業務部。

「博士的市場行銷課？那個『博士』是誰？」

「是田中博士（Hiroshi Tanaka），公司當時的行銷部門經理。我和桃太郎都叫他『Hakase』[2]。」

「阿蔻那時待在市場行銷部嗎？」

「不是，我是業務部的。」

「那為什麼妳會跟市場行銷部的經理學行銷呢？」

「因為博士是我那時的『指導人』。GLP計畫中規定，入選者的指導人需由所屬部門以外的經理擔任，但因為當時大家對這個制度還不熟悉，沒人願意另外接這種麻煩的工作，就互相推來推去，結果這個責任就落在當時剛從廣告代理公司『博通』轉換工作過來的博士身上。」

「那博士現在還在岱爾飛嗎？」

「沒有，他現在在政經大學當教授了。」

「變成真正的『博士』了啊。」

「其實他本來就是真正的『博士』呀！我們都是唸同一所大學，聽他說後來還攻讀研究所，拿到博士學位後，才進博通工作。」

「阿蔻妳讀哪間大學呀？」

「東京大學。」

「東大！這也太厲害了吧！」

「沒什麼啦，我不算什麼，但博士真的很厲害。他還寫過幾本書，在當時的市場行銷業界算是頗有名氣的人物呢。」

「沒想到我們公司裡，曾經有這麼頂尖的人物啊！」

「其實，指導者的主要工作是提供職涯的建議，但是我自己主動去請博士教我行銷的。」

這樣說著，阿蔻拿出手機，打開政經大學的官網，讓我看博士的照片。

照片中的那個人，確實給人一種「博士」的感覺。

從照片上就能感覺出來，他度數頗深的黑框眼鏡後，有一對銳利的雙眼。但他嘴角努力擠出的微笑，卻帶著一股少年般的稚嫩和笨拙，讓人卸下心防。

我不由得心想：「這個人我還蠻喜歡的」。但同時也想著「在這家公司裡，要和這個人討論職涯發展，確實哪邊覺得有點奇怪」。

「順便說一下，他以前還是樂團主唱，然後還當過賽車手。」

2 日語對擁有博士學位者，俗稱博士（ハカセ hakase），漢字同樣寫成博士，與前述人名田中「博士」同字不同音。

「什麼？是樂團主唱？還是賽車手?!」

即使是他人再意想不到的過去，聽了三次後也就習以為常了。就像我也逐漸習慣了這間酒吧的高腳椅一樣。

「我大學時也玩過樂團，這點跟博士倒是很像。」我笑著說，「但說實話，我一直對廣告行銷這種東西沒什麼好感，總覺得就是在騙人。」

「我一開始也這麼覺得。但在跟博士見面後，聽了他的說法，讓我對行銷的看法有些改變。」

市場行銷，就是建立一套能獲利的機制。

打造一個讓商品能夠自動賣出去的狀態。

在ＩＧ和Ｘ上偶爾會出現的行銷達人，似乎也是這麼說。

「我聽博士說啊！還有另一種想法是『透過努力回應客戶的期待，不僅能成為他們真正需要的存在，還能讓客戶幫助你發掘自己的獨特性。』」

雖然我還無法完全理解這些話的涵義，但聽阿蔻說的博士市場行銷課問答內容，已像蒲公英種籽的棉絮，悄悄停駐在心裡。

博士少年般的凌亂頭髮和靦腆微笑，又再次悠然地浮現於腦海。

「市場行銷這東西，讓我突然又想更進一步了解它了。」

阿蔻看著我的眼睛，緩緩地點點頭。

「當時博士也才剛來岱爾飛不久，工作量好像也還不多，所以他答應每個月的第一個星期三下午，花一個小時幫我上市場行銷課。」

「比起談職涯發展，這個選擇聽起來確實比較好耶。」

「然後，剛好還有另一個人也閒著發慌。」

「是桃太郎先生吧？」

「那時候桃太郎也是業務部的，但業績沒達標，卻又老是頂撞上司，結果被冷凍起來。」阿蔻說著。

「就是不給他事情做的意思嗎？」

「基本上進了公司，也沒什麼事可做，只能自己找資料、寫報告。還有多的時間就開始惡補自己最不擅長的英文。」

「我還以為自己已經是極端的邊緣人了，這點絕對不會輸給桃太郎的。聽妳這樣說，我的自信也開始動搖了起來。」我苦笑著說。

「所以我就去拜託博士，讓桃太郎一起參加市場行銷課。想說反正他閒著也是閒著，說不定會成為什麼改變的契機。」

「結果，這真的成了他的轉機，對吧？但話說回來，就算對市場行銷方面再怎麼了解，在我們公司裡好像也不太吃香吧？」

「他並不是直接將市場行銷的知識運用在目前的工作上，而是透過行銷的思維，重新檢視自己的職涯和工作方式。」

重新檢視職涯和工作方式……雖這麼說……，但到底怎麼重新檢視？又檢視了什麼？讓一個比現在的我還要邊緣、還累贅的員工，當上岱爾飛日本分公司史上第一位日本籍、同時也是史上最年輕的社長？

還有另一件同樣讓我難以想像的，是阿蔻的職涯發展。

她是曾經獲選為GLP計畫成員的超級菁英，甚至曾經在總公司當過管理階層的職位，但之後竟然沒有晉升為部門經理或是事業群總經理，反而選擇成為桃太郎的特助。

這兩個祕密的關鍵，似乎都與「博士的市場行銷課」有關。

「一郎，你對博士的市場行銷課有興趣嗎？」

「超級有興趣。」

「我家裡還留著當時的錄音跟筆記喔。」

「真的嗎？」

「為了之後可以反覆重聽，複習課程內容，每次上課我都會請博士讓我錄音。而且，當初我就覺得桃太郎一定會偷懶，事實證明，他還真的常常翹課。後來我在美國工作的時候，因為很想念博士的聲音，偶爾還會拿出來聽一下。」

「那課程錄音和筆記，可以借我嗎？」

「可以啊。不過……，那我們乾脆這樣好了。從下週開始，每次踢拳課結束後，我們一起來這裡吃飯。然後，每次聽一段博士的市場行銷課，我再跟你解說，桃太郎當初是怎麼把這些概念運用在自己的職涯上。」

這時我的表情，大概是這輩子最完美詮釋「瞠目結舌」的瞬間吧？

「博士的課只是單純在講行銷，那桃太郎是怎麼把這些理論運用在自己身上？我覺得你光聽錄音，應該是沒辦法懂的。」

我沉默著沒有說話，只是用力地點了兩下頭。

「而且我也有點想再聽一次博士的聲音了。」

就這樣「博士的市場行銷課」正式揭開序幕。

每週三晚上八點，地點在祐天寺的酒吧「棲之木」。

至今為止，我的生活總是平淡無奇，沒有任何亮點。但這次，或許終於會有所轉變。

想到這裡，我不由地興奮起來，在深夜的公寓裡，忍不住對著天花板大喊了一聲。

結果，隔壁鄰居直接「咚！」地用力敲牆以示抗議，我立刻朝著牆壁低下頭，表達歉意。

幸福的工作在哪裡？
目錄

第一講

「差異化」

聽說，「棲之木」酒吧的整體設計靈感來自森林。

這家店的老闆佐佐木先生，據說也曾經是岱爾飛的員工，當年還和阿蔻在同一個部門。佐佐木先生之前在其他公司工作，是轉職進入岱爾飛的，所以在資歷上跟其他人不太一樣。不過他年紀比阿蔻小，算是她的後輩。

當初，阿蔻其實反對他辭掉岱爾飛的工作去經營酒吧，但店開了之後，她反而比那些當初支持他創業的朋友，更常來捧場。

「為什麼店要開在祐天寺呢？」是阿蔻對佐佐木先生開店的最大不滿。

佐佐木先生對酒吧內部的裝潢十分講究，據說在這一帶的酒吧裡，他投入的預算可說是遠遠超出業界行情。其中他最引以自豪的，是這張以一整塊原木打造而成的吧檯。「要不是當年去白馬滑雪時，偶然發現了這塊充滿野性之美的水目櫻，我大概也不會下定決心辭職創業吧？」他曾這麼說。

阿蔻身邊的怪人還真不少。

我低頭一看才發現，剛才差點讓我滑倒的踏腳橫桿，竟然是由細長的圓型原木直接削製而成。再抬頭一看，天花板也鋪滿了整片保留原木紋理和結構的無垢材長條形木板。

「洞窟」是棲之木裡最裡頭的一間半開放式包廂。我們今晚就在這裡用餐。

聽佐佐木先生說，原本打算把「洞窟」的入口設計得更低矮，讓成人必須彎下身子才有辦法進入。但最後因為不符合消防法規、還是哪裡規定的標準，必須忍痛放棄自己的想法。不過，這最終無法實現的設計初衷，仍可從現在相對低矮的拱型入口看出些許端倪。以女性身高來說顯得較高挑的阿蔻，也要微微地低下頭才能進入包廂。

洞窟中的設計極為簡約樸素。牆壁兩側為塗上傳統灰泥壁材建成的漆喰（Shikkui）壁面，內建兩排鋪著毛氈的長椅依著牆面。中間的部分則擺放著一張延伸至包廂底部的長形木桌，雖然不像吧檯是由一整塊原木製成，但仍是使用能感受出木材溫潤質感的無垢材。

天花板上沒有任何燈飾，而是在後方的牆面裝設小盞的間接照明。

每當我們的對話停頓下來，店內播放的音樂便悄然填補了寂靜的空間，靜靜地流淌著。雖然知道是多管閒事，但自己還是忍不住冒出了這個想法——如果佐佐木先生能將對店內裝潢的高度執著，稍微分一點心思在拓展客源或服務態度上，這間店的營運狀況應該會改善不少。

「你剛有說桃太郎先生剛進公司的時候，好像被冷凍過一陣子吧？」

「因為他太自以為是了。桃太郎自以為他很快就可以晉升到管理階層，所以很討厭必須聽從別人指示、四處跑業務拜訪客戶的工作。他不只是表現出為啥我就必須一直跑外務不可的態度，甚至還直接說出自己的不滿。」

「這種人確實有點難相處呀！」

「因為他那種態度，和客戶也發生不少摩擦，結果公司後來就把他負責的客戶全部收回。之後，他被安排去負責做業界分析報告，但那也只是掛個名目，主管也沒有具體的指示，根本就是被晾在一旁不管的感覺。要是現在的話，可能會被當成職場霸凌了吧。」

「但說真的，剛進公司幾年就對自己被安排的工作這麼不滿，我反而覺得還挺厲害的。」

「桃太郎本來就是理科出身，數字分析特別強。使用Excel、數據分析這些東西，他比誰都厲害。他大概是覺得，自己這方面的能力應該要更被重視吧？」

「我覺得他這樣真的是很厲害耶！這不正是社群媒體上看到的那些『市場行銷專家』們常講的嗎？要有與眾不同的專長。這不就是『差異化』的概念嗎？」

剛還在吃拿坡里義大利麵的阿蔻，突然停下了的手，靜靜看著我沒說話。

「好，那我們今天的主題就來談這個吧！『差異化』」

她說完，便從托特包中拿出一台 MacBook Air，側過來放在桌上，讓我們兩個都能看到螢幕。看來，她應該經常在這裡工作，因為筆電一開機，就自動連上了店裡的 Wi-Fi。

她打開瀏覽器，進入 Google 雲端硬碟後，我一眼就看到有個命名為「Momo」的資料夾，但我立刻當作沒看到似的，將視線移開。

「我把博士的課程錄音和筆記，全都整理在這裡了。」

聽到這句話，我又將視線挪回螢幕上。一個個分別命名為「差異化」、「品質」的資料夾整齊的排滿了螢幕。

而「一郎」，則是收納這些子資料夾的最上層資料夾名稱。

看起來，阿蔻習慣用人名來分類整理相關資料。

她打開了名為「差異化」的資料夾，裡面分別有一個音檔和一個圖檔。圖檔裡儲存的看起來是當年阿蔻手寫的筆記，後來再拍照存檔下來的照片。

她點開照片，以全螢幕顯示在MacBook上。

攤開的筆記左頁，條理分明地橫書記錄了課程的重點；而另外半頁，則畫滿了從白板上抄寫下來的圖表。

接著，阿蔻從托特包裡拿出一個無線耳機盒。

「一郎，你有帶耳機嗎？」

「有，我也用AirPods。」

「兩副AirPods可以同時連到同一台Mac嗎？」

「應該可以，我來設定看看。」

我稍微靠向阿蔻，一邊調整Mac的設定，一邊將自己的耳機連上筆電。

「設定好囉！」

「好！博士，請開始『差異化』的課程。」

阿蔻一邊這樣說著，一邊點開音檔，播放課程的錄音。

那今天我們來談談「差異化」吧。

各位也許不知道「差異化」其實有個雙胞胎哥哥，叫做「同質化」。

這兩人因為是兄弟，所以住在一起。一開始我們得先來談談這個名為「FOR」的家。

「無法進入消費者的潛意識」等於「不存在」

我們在日常生活中，會無意識地將商品或服務分成不同類別，在大腦中整理成不同的群組。

舉例來說，寶礦力水得和動元素（Aquarius，由可口可樂公司出品的運動飲料。於一九八三年開始在日本發售，是與大塚製藥的寶礦力水得競爭運動飲料市場的產品），應該都被你們兩人歸類在

「運動飲料」這個類別裡吧？

這種分類方式，就稱為「參考框架」（Frame of Reference，簡稱FOR）。

假設桃太郎先生研發了一款新的運動飲料。

如果想讓消費者買單，首先必定要做的事是在他們的腦海中置入「運動飲料」這個框架。

如果做不到這點，那麼當消費者運動後口渴，或是發燒時想喝運動飲料補充體力時，他們在潛意識裡就不會想起你的產品。

沒有進入消費者潛意識的商品，在消費者站在超商或超市貨架前時，這些產品就不會自動被大腦「掃描」到。這裡的掃描（scan）指的是消費者無意識地想起某些商品後，大致在貨架上快速尋找該商品的過程。

此處的重點在於快速尋找商品，和花時間仔細「搜尋」（Search）產品是不同的概念。

當你發燒不適、走進便利商店想買瓶運動飲料時，你不會先瀏覽整排貨架上的所有商品找出哪些是運動飲料後，再從中挑出最適合的一款吧？

同樣地，不管是剛跑完步來買礦泉水的人，還是開車途中疲憊、想買罐咖啡提神的人，都是一樣。

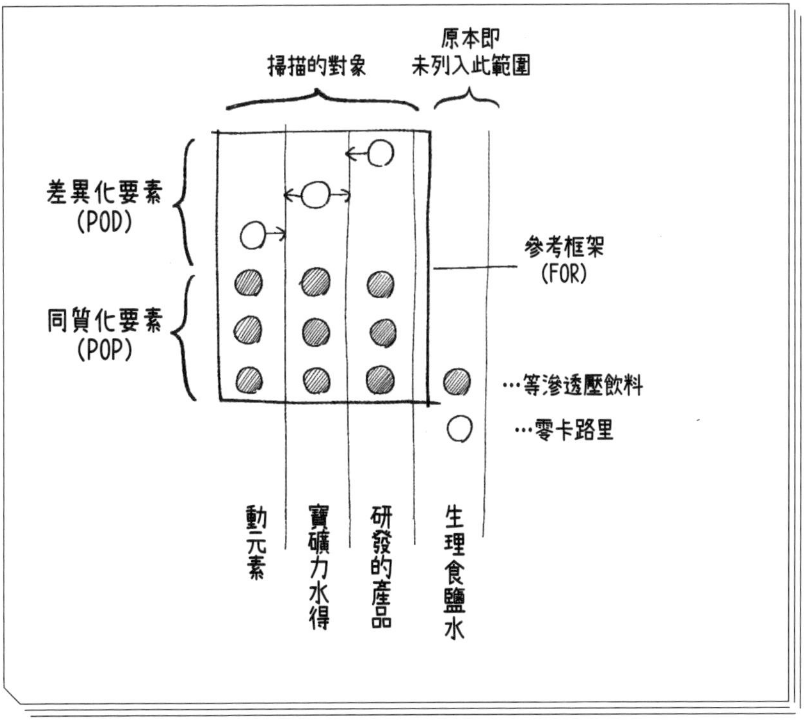
掃描的對象
原本即
未列入此範圍
差異化要素
(POD)
參考框架
(FOR)
同質化要素
(POP)
…等滲透壓飲料
…零卡路里
動元素
寶礦力水得
研發的產品
生理食鹽水

從這個角度思考，我們可以得知，在這個框架中「不能下意識地被消費者想起」的產品，與「根本不存在」幾乎沒有區別。

即使這款產品再怎麼標榜自己是「運動飲料」，或再怎麼擺滿超商或超市的貨架，但只要沒有進入消費者腦海的「掃描網」內，那前來購物者的眼光，根本就不會停留在該商品上。

阿蔻，你有在國外的超市買過東西嗎？那時是不是會站在貨架前愣住，不知道該買什麼？

那就是大腦中的掃描網路裡，幾乎沒有掃描到任何產品，這種與日常生活相當不同的經驗，讓大腦產生了混亂的現象。

換句話說，這種「憑直覺掃描已知商品」的行為，早已深深烙印在我們的腦海中，就算人到了明知貨架上不會有自己認識品牌的國外，還是會不由自主地掃描商品。

如果無法達到同質化的水準，便無從談起差異化要素

接下來，我們要討論的是如何讓產品取得進入「參考框架」的資格。這項關鍵的條件，就叫做「同質化要素」，英語稱為Points of Parity，簡稱POP。

以運動飲料來說，它必須符合「等滲透壓飲料」（Isotonic）的特點，也就是成分應該接近人體，以及適當的甜味、清淡的果汁風味，讓消費者飲用時不會覺得過於甜膩，這些都是運動飲料應具備的「同質化要素」。

只有當桃太郎先生研發的飲料確實擁有這些基本條件，並讓消費者清楚知道這點，桃太郎的運動飲料才有資格被納入消費者大腦中「運動飲料」的參考框架。

在確保產品符合「運動飲料」基本條件的前提之下，想辦法讓消費者在「這個框架內」，區別你的產品與競爭品牌的關鍵，就稱為「差異化要素」。英語為Points of Difference，簡稱POD。

舉例來說，將產品做成低卡路里或零卡路里，或許就能成為此框架中的一種「差異化要素」。或者是在瓶蓋設計上獨具巧思，讓人可以用嘴輕鬆開關瓶蓋，也是一種可行的作法。

相反地，即使它擁有寶礦力水得或動元素所沒有的特點，若產品無法進入「運動飲料」此一相同的框架裡，那消費者在需要運動飲料的時候根本不會想到它，完全沒有具備互相比較的資格。如此一來，它的「不同之處」便無法成為優勢，甚至毫無用武之地。

舉個例來說，在醫院點滴中使用的生理食鹽水，便是仿造人體體液濃度調配的一種溶液，是個如假包換的「等滲透壓飲品」。

生產寶礦力水得的大塚製藥公司，原本即是製造此種生理食鹽水的廠商。那麼，如果我們把生理食鹽水當作桃太郎研發的運動飲料來販售呢？

生理食鹽水基本上就是稀釋的鹽水，符合「零卡路里」的標準。

但問題是，味道實在太單調，根本不好喝。

據說有些醫生在手術過程中會直接飲用生理食鹽水，我自己也試過，但老實說，實在難以下嚥。

這款飲品並不符合「運動飲料該有的適當甜度與類果汁風」這些對口感要求的基本條件，因此它根本無法進入「運動飲料的參考框架」中。

結果就是，即便它擁有「零卡路里」這個「特點」，但當消費者想購買運動飲料的瞬間，根本不會把它列入候選名單。換句話說，它完全沒有發揮特殊性優勢的機會。

然而，無法站上同一個競爭的舞台，不僅是因為原本即缺乏關鍵的「同質化要素」而已。即使產品本身擁有這些條件，但如果消費者根本不知道有這些特點，那結果也是一樣。

如果要用圖表來整理剛才提到的內容，應該會是這樣的概念。

汽車等高價產品也適用於「先同質化，再差異化」的順序

如前所述，先具備同質化要素，再建立差異化要素的思考，並不只適用於超市或便利商店等地方購買的「民生必需品」。

舉例來說，汽車產業也是如此。

儘管凌志（Lexus）是在日本國內生產的正統日本國產車，但大多數人並不會將它與豐田的皇冠（Crown）或日產的西瑪（Cima）等日本高級車歸類在同一個參考框架中。

實際上，絕大部分的人會將Lexus視為「進口高級車」，與Benz、BMW、Audi等品牌並列。

前陣子，我前往Audi的展示中心看車，業務遞給我一張問卷，裡面的問題選項正好就並列著這四個品牌。

過去，我在博通長期負責汽車業界的消費者市場調查，在設計這種問卷的並列選項時，首先要確認的正是客戶的「參考框架」（FOR）。

當我們比較相似車型時，可以發現Lexus的價格設定，通常比Toyota自家生產的高級轎車Crown高出數百萬日圓。

其實，在Lexus進入日本市場之前，Toyota曾經將Lexus在美國販售的車款，以「Toyota Celsior」的名義在日本銷售。

然而，當Toyota停產Celsior，改為以Lexus品牌推出相同車款時，標準規格的車型價格瞬間飆漲數百萬日圓。

這到底是怎麼辦到的？原因在於，Crown、Celsior與Lexus，在消費者腦海中屬於完全不同的「參考框架」。

當消費者產生「我想買一台高級進口轎車」的念頭時，腦中浮現的選項會是Benz、BMW、Audi這些選項。沒有被列入此一參考框架的品牌，消費者就不會主動去瀏覽它的網站，也不會走進汽車經銷商的展示中心看車，因為完全沒有列入考慮的對象裡。

一旦Lexus成功地讓自己與Benz、BMW、Audi得以並列於同一競爭群組，Toyota就能參考位居進口車寶座的Benz來制定Lexus的售價。

如此一來，Lexus與其他日本國產高級車的價格差異，就不再顯得那麼突兀。

更重要的是，當Lexus成功打進「進口高級車」的市場後，它極致的車內靜音技術，還有媲美高級日式旅館的「待客服務」等的這些「差異化要素」，才能真正成為與Benz、BMW、Audi等品牌一較高下的差異化優勢。

「同質化」有時看似「沒效率」，但並非「不合理」

阿蔻，請試著想像一下，假如妳是當時Lexus的負責人。

為了讓Lexus成功進入Benz、BMW、Audi等「高級進口車」的參考框架，妳認為自己首先該做的是什麼？

沒錯，妳需要思考「同質化要素」。

更具體來說，妳必須找出 Lexus 需要具備的同質化條件，將它們打造得更完美，並且向消費者宣傳 Lexus 擁有這些條件。

以 Lexus 的「同質化要素」為例，就是它的展示中心。Lexus 的展示中心，無論是椅子、桌子、燈光等家具裝潢設計，都是按照高級進口車品牌的標準建造而成。

這樣的設計成本當然非常昂貴。建造一座高級進口車展示中心的成本，通常是國產車經銷中心的兩倍以上。

而且，維修設施與庫存車輛停放空間，原本應該可以共用，但如果 Lexus 要打造獨立的展示中心，就代表同樣的建築成本必須增加一倍。

乍看之下，讓 Lexus 擁有獨立展示中心，確實顯得不夠有效率。

但這並不代表這樣的決策就是不合理。

因為「精品級展示中心的體驗」，正是 Lexus 進入「高級進口車框架」必須具備的入門級資格，是 Lexus 不可或缺的「同質化要素」。

那麼，最後給你們一個回家作業吧。

運用今天學到的「差異化要素」與「同質化要素」這兩個概念，試著分析幾種我們公司所經手的產品。

這類分析就是實戰演練的一部分。只要能夠熟練掌握這些概念，你們也就踏出了成為行銷人的第一步。

「你們一起做最後的作業了嗎？」

聽我這麼一問，阿蔻一邊用叉子叉著還沒吃完的拿坡里義大利麵上的蘑菇，不知為什麼，還一邊微微地笑著。

「那份作業，我們沒有做。」

阿蔻突然改變了語氣，轉換成正式的敬語這樣對我說。

「不過，我們兩個另外一起以桃太郎自己為例，思考他的『同質化』與『差異化』。」

我默默點頭，沒有出聲。

「公司裡都會有那種『下任的部門經理大概會是他』的人選吧？就是有接手過重要的專案，或者持續負責處理事業群總經理等級工作的那些人。在高層主管需要挑選優秀人才當下屆管理者時，這些人就會在第一時間浮現在主管腦中。」

「也就是說，高層主管的腦中，其實存在著一個『下任部門經理的參考框架』吧？」

「沒錯，如果想進入這個框架，就得先分析那些已經納入名單的人，看看他們具備了哪些『同質化要素』吧？」

「但以人為對象的『同質化要素』概念，好像有點難以想像。」

「舉個例子好了，像是『擁有豐富的業務經驗』。當時『下任部門經理框架』內的人選，大多都有負責過各種不同類型客戶的經驗。」

「因為剛進公司時，大家都會先負責一些小客戶，結果，最後決定誰能升遷的關鍵，還是得看他是否曾經負責過重要的客戶吧？」

阿蔻停下了玩叉子的手，重新坐直了身體，看了我後，輕輕點了頭。

「好，那一郎！接下來要問你一個問題。當年的桃太郎，想要擠進『下任部門經理』的候選名單的話，還必須要培養哪些同質化要素呢？」

「這個……有點難啊。如果是現在的話，我覺得符合這些條件的人，大概是跟我同屆的武田先生，還有比我小兩屆的今田先生吧？這兩個人有個共同點：他們的人際關係都很好，都很受人信賴和尊敬。而且幾乎不會樹立敵人，基本上，公司每個人都對他們有好感。」

「『人際關係好，受人信賴和尊敬』這樣的說法比較像是對一個人的評價，那如果我們要分析其中更具體的『要素』，會是什麼呢？」

「這是什麼意思？」

「舉個例子來說，吉卜力的電影，從年長者到小孩，幾乎所有年齡層的人都喜歡看吧？這就是一種『評價』。如果我們進一步分析，發現吉卜力電影受歡迎的原因，是因為它結合了『奇幻』與『寓意』，那麼這兩點就屬於『要素』。」

「原來如此。所以，現在我們要思考的，就是要能稱得上是一位『人際關係好，有領導能力，且受人敬重』的人，需要具備哪些『要素』吧？」

「像是某些特定的行為模式，或是知識、技能……等，到底是哪些特質組合起來，會讓大家認為這個人值得尊敬、效法呢？」

這是一個需要動腦的問題，對平常很少思考的我來說，實在有點困難。

但我大致能理解阿蔻想表達的概念。

「嗯……首先應該是『人脈』吧？像今田先生雖然比我晚進公司，但在公司裡認識的人卻比我還多。」

「很不錯喔！『人脈』。還有呢？」

「還有一點……應該是『照顧人的能力』吧？通常這樣的人不只是受高層或前輩喜歡，他們同時也深受下屬與後輩的敬重。還有，我認為應該是因為他們願意照顧、協助身邊的人，才會有這樣的評價。」

「一郎，你真的很厲害耶！其實我們當時也注意到了這點，而且把『帶領後輩的能力』列為第三個『同質化要素』。整理起來就是這樣子。」

阿蔻一說完，從托特包裡拿出一本深藍色的筆記本和一支原子筆，以有點特別但容易辨識的字體，仔細地在紙上寫著：

同質化要素（POP）

- **擁有豐富且跨界的業務經驗**
- **在公司內部建立良好人脈**
- **有帶領與照顧後輩的能力**

「當我們這樣整理後，就能清楚看到，桃太郎當時幾乎完全沒有任何與競爭對手相同的『同質化要素』。所以，不管他的數據分析能力多強、對 Excel 多熟練，別人根本不會像他自己想的那樣，給他對等的評價。」

「因為他連跟競爭者站在同一個競技場上的資格都沒有，他自己的這些強項也無法成為『差異化要素』，成為勝出競爭者的武器了……這真是令人洩氣啊！」

但阿蔻卻說：「其實，桃太郎反而因此充滿幹勁呢！因為他終於清楚自己該怎麼做了。而且，只要他能夠先做到『同質化』，讓自己能和競爭對手站上同一個競技場，那麼他本來擅長的數據分析能力與邏輯思維，自然就能成為他的『差異化要素』，讓他真正脫穎而出。」

說完後，阿蔻在筆記本上補充了幾行字——

·擅長數據分析和使用Excel，數據處理能力極強
差異化要素（POD）

「但話說回來，就算當時桃太郎想累積第一項同質化要素『豐富且跨界的業務經驗』，但他當時不是被冷凍起來了嗎？」

「對啊！就是這樣。但即使如此，他也不想低頭去求主管，因為那對他來說太丟臉了。所以，他當時選擇的辦法是，主動去找那些負責重要客戶的前輩，拜託讓他跟著一起去拜訪客戶。然後，他就當作是前輩的好朋友，順便幫忙照顧那些前輩帶的新進同事，幫忙整理分析資料等工作，作為交換條件。」

「原來如此……這樣一來，他就能同時加強『豐富且跨界的業務經驗』與『帶領後輩的能力』這兩項要素了。」

「或許主管也是因為看到了他這樣的轉變，才慢慢開始讓桃太郎重新負責客戶吧？」

「畢竟對主管來說，這根本是撿到便宜的好事呀！主管只是把他放生不管，但桃太郎自己不但沒有自暴自棄而辭職，還自己主動改變、重新振作，完全不費吹灰之力。」

「桃太郎這個人啊！別人怎麼說他都不會聽，但只要是自己想通的事，他就會拚命去做。也許主管早就看透他的個性，所以才故意不管他，看看他會怎麼做吧？畢竟，桃太郎後來自己決定開始跟著前輩去跑業務，主管也沒有特別去干涉或阻止。」

「但不管是『同質化要素』還是『差異化要素』，光具備這些條件還不夠，還必須讓主管們知道你的價值才行。如果不喜歡和主管低頭，不主動和主管溝通，我覺得最後可能還是得不到應有的評價吧？」

阿蔻微微一笑，語氣突然變得正式起來。

「針對這一點，桃太郎想了一個絕招。」

「你們現在還有在開全體業務會議吧？」

「有啊，現在是業務企畫總部和所有業務單位的經理級以上主管，每個月開一次會，主要是分析檢討報表的數據。」

「桃太郎向主管提議，能不能讓他在業務會議上，分幾次發表他一直以來整理的業界報告。畢竟主管已經讓他負責寫報告，那麼他要在會議上發表，對方也不好直接拒絕吧？」

「這樣一來，桃太郎的『分析能力』，應該就能好好發揮了呢！」

「而且，當你開始在會議上露面，總會有高層開始注意到你，心想：『這傢伙到底在做什麼？他現在負責哪些客戶？』當大家產生這樣的好奇心時，自然也會拓展公司裡的人脈。」

桃太郎自己這個原本徹底空轉至今的齒輪，終於開始慢慢地適應岱爾飛這台大型機器的節奏，雖然還嘎吱嘎吱作響，運轉得並不順暢。

聽到這裡，讓我忍不住有些興奮，但同時，內心深處卻升起了一股揮之不去的迷惘。

「可是，這些事情對我來說……其實沒什麼意義吧？」

「為什麼這麼說呢？」

「因為我不像當時的桃太郎那樣，擁有某種特殊的強項。不用說能不能當成『差異化要素』了，完全沒有能讓自己從周圍人群中脫穎而出的優秀之處。」

「這點其實我以前也有同樣的想法。」阿蔻淡淡地說道。

「但妳當初可是入選為ＧＬＰ的啊！」

「我雖然什麼事都做得不錯，但不像桃太郎那樣，有一招『必殺技』呀！」

「可是我比妳更慘，不但沒有必殺技，連基本功都沒有……」

「我覺得根本不需要全能，重要的是找到一個『屬於自己』的特點就可以了。」

我有一個「只屬於自己」的特點嗎？

我自己倒是對每個人都有的普通能力，和看起來很弱的這一點有自信……

「即使是一些很小的地方、自己覺得完全不值得一提的地方也無妨。像『笑容很有親和力』，或是『能讓人放下戒心』這樣的特質都可以。如果這些從來沒成為你的過人之處，那或許不是因為它們沒有價值，而是因為你還沒有找到能夠讓這些差異化要素發揮功能的『同質化要素』。」

阿蔻這樣說完後，靜靜地認真看著我、點了點頭。

雖然我不太清楚阿蔻到底肯定了我哪一點，但我覺得好像已經很久沒有人這樣強烈認同過自己了。從小時候奶奶誇獎我「一郎的『一』是第一名的『一』喔」之後，久違地再次聽到這樣的讚美。

差異化

> 「無法進入消費者的潛意識」等於「不存在」
> 如果無法達到同質化的水準，便無從談起差異化要素
> 汽車等高價產品也適用於「先同質化，再差異化」的順序
> 「同質化」有時看似「沒效率」，但並非「不合理」

《同質化與差異化》

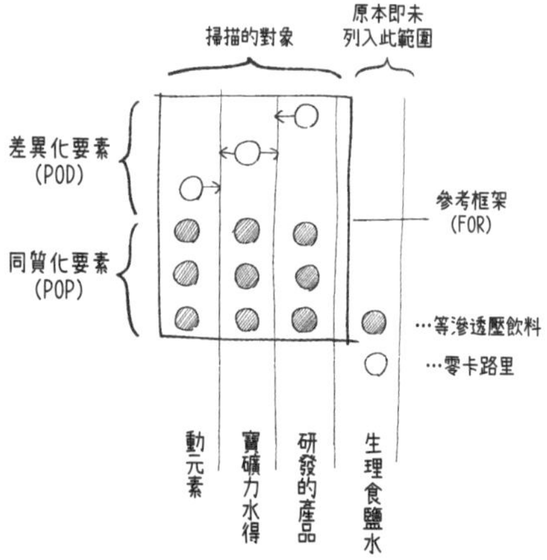

第二講

品質

阿蔻當年到底有沒有和桃太郎交往過？

今天，我一定要問清楚。

至於「現在」他們是不是情侶，倒也沒那麼重要。畢竟，那是他們的私事，更何況私底下向社長的特別助理打探他的感情狀況，這種行為也未免太不道德了。

常聽說在公司高層之間，常有人會利用這類八卦醜聞來扳倒對手的事情。據說曾經有位事業群總經理，某天與某家合作公司的女性一起在東京某間高級飯店過夜，結果被不知名人士拍下來，照片還被直接傳真到公司總部，讓他慘遭撤職。

而且阿蔻也是公司同事，在職場上打聽同事的感情狀況，據研修課程時所上的內容，這可是標準的性騷擾行為。

但最重要的是，萬一我真的問出什麼驚天動地的祕密，這種天大的八卦，光我一個人是絕對隱藏不住的。

我真正想知道的其實是過去的事。

阿蔻當初為什麼會那麼全心全意協助桃太郎？如果只是因為兩人同時進公司的交情，那也未免太過頭了吧？

如果這個問題不弄清楚，總覺得心裡卡著一塊石頭，沒辦法專心聽博士的課程。

我從健身房走向「棲之木」的路上，一邊漫不經心地在想這些事，沒想到，阿蔻卻主動伸出援手一解我的困惑。

「一郎，你有女朋友嗎？或者……該問你有沒有男朋友？」

「沒有啦！我沒有女朋友也沒有男朋友。」

「一直都沒有嗎？」

「交友軟體我都已經課金三年了。」

「現在的交友模式，大多都是透過交友軟體吧？疫情那幾年，連聯誼活動都沒辦法舉辦。」

「現在連在婚禮上，司儀都會直接公開說『這對新人是在 Pairs 上認識的』，完全是很普通的事。」

「我們那個年代，主要還是靠聯誼認識對象。不過，在婚禮上通常會說『這對新人是在青山的一場聚餐中相遇的』。」

「阿蔻妳也參加過聯誼喔？有點難想像耶！」

「有啊，我當然有參加過。」

正當兩人穿過東橫線的高架橋下時，前往澀谷方向的電車從頭頂上轟隆駛過。

當電車聲漸漸遠去，周圍突然變得異常安靜。

就像剛才電車的聲響，甚至整個周遭的聲音，全被這片寂靜吞沒了一樣。

「那個……阿蔻，妳當時曾經和博士交往嗎？」

「博士？博士結婚了，還有兩個女兒呢！」

「不是啦……只是之前聽妳說，在美國的時候偶爾會想聽博士的聲音。」

「在美國的時候，根本沒時間談戀愛啊！」

「所以妳那時候沒有男朋友嗎？」

「沒有啊。我也是單身。我當時也是二十九歲。」

也就是說，她和桃太郎應該也沒有交往過吧？

「棲之木」的店裡依然沒有其他客人。

佐佐木先生正聚精會神地滑著手機，發現我們進來後，像隻與人親近的熊，默默地朝我們揮了揮手，比了比店裡的「洞窟」包廂，表示我們可以進去。

「說到美國，桃太郎先生有在總公司工作過嗎？」

「沒有。他應該有去開會或參加過幾次研修。」

「他不是說自己英文很不好嗎？那後來是怎麼克服的？」

「結果好像也沒克服吧？我覺得他到現在還是對英文有點障礙。」

「欸？那英文不好……真的能當岱爾飛的社長嗎？」

「如果是一對一表達自己的意見、參與討論，應該是可以的。或者做簡報這種事，只要準備一下都能應付。但如果在會議上，大家都用英文飛快迅速地討論，要他突然插進去陳述自己的意見，然後以母語的速度和大家討論，大概還是沒辦法完全跟上節奏吧。」

「可是，他應該經常要和國外的訪客一起吃飯吧？那他都怎麼應付？」

「這種場合，通常都是我陪著他去的。」

「可是……這樣真的能當社長嗎？說實話，我一直很好奇，他到底是怎麼當上社長的？歷任的社長全都是美國人，高層主管要不是從小在國外長大，就是拿過ＭＢＡ的高材生，每個人的英文都相當流利吧？」

「桃太郎先生，怎麼能在這樣的環境下，成為岱爾飛的社長？」

阿蔻沒有立刻回答，她只是咬著嘴唇，微微抬頭望著天花板思考。

接著，她突然把視線挪回我身上，無聲地點了點頭。

她轉身看向靠在吧檯前無所事事的佐佐木先生，開口向他點了兩人在路上就決定好的兩份拿坡里義大利麵和兩杯冰咖啡。

「今天來聽博士講『品質』的課程吧！這樣一定能回答你剛才的問題。」

今天我想來談談「品質」。

近年來，雖然日本在資訊科技領域逐漸落後，但在製造業方面，依然具備強大的國際競爭力。

特別是在「品質」這一點上，日本至今仍然獨步全球。只要是日本製造，就代表高品質、不容易損壞，這樣的印象在世界各地都沒有改變。

這其中的原因之一，是因為日本長期以來對「品質管理」這門工程學領域的學問進行了深入的研究與發展。

我們在工作上經常提到的「ＰＤＣＡ」（計畫 Plan→執行 Do→檢查 Check→行動 Act），最早正是由品質管理專家——戴明博士（Dr. W. Edwards Deming）所提出的。

然而，桃太郎，這個「ＰＤＣＡ」其實在日本以外的國家並不怎麼流行，總公司那邊的美國人根本沒聽過這個詞。

有趣的是，戴明博士雖然是美國人，卻反而在日本受到高度尊敬。甚至還有一個以他為名的「戴明獎」（Deming Prize），由日本科學技術聯盟負責經營管理。

這也證明了日本人對於「品質管理」這件事有多麼執著。正因如此，日本的相關研究相當發達，並且誕生了許多影響全球的品質管理理論。像是在國際上比ＰＤＣＡ更廣為人知的「狩野模型」

（Kano Model），就是由日本品質管理專家狩野紀昭（Noriaki Kano）教授所提出。

這位狩野教授在學術界的地位，簡直可以稱作「品質管理界的鈴木一朗（Ichiro Suzuki）」。

今天，我們就來聊聊這個「狩野模型」。

雖然這個理論最早是為了工程學領域所設計，但由於它的概念與「顧客觀點」的思考方式極為相關，因此市場行銷界也納入了這套理論，並廣泛應用。

簡單來說，「狩野模型」主張商品或服務的「品質特性」可區分為以下五大類型。

首先，讓我們先在白板上畫出這「五大品質要素」的示意圖。

這些臉部表情符號代表顧客的「滿意度」。顧客的表情會隨品質變化而產生轉變——品質優良時展現笑容、品質不佳時則顯得失望。

如果現在還不是很清楚也沒關係，接下來我們會透過具體的例子，一步步帶你們深入了解。

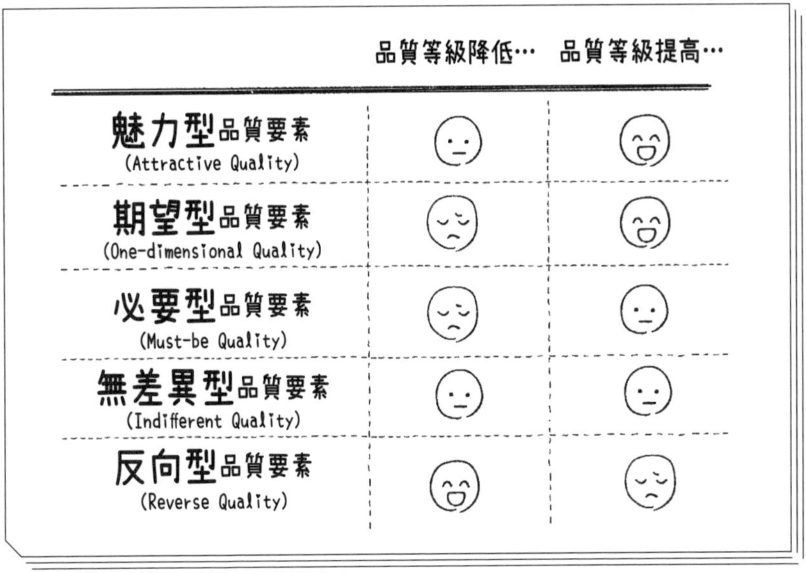
品質等級降低…
品質等級提高…
魅力型品質要素
(Attractive Quality)
期望型品質要素
(One-dimensional Quality)
必要型品質要素
(Must-be Quality)
無差異型品質要素
(Indifferent Quality)
反向型品質要素
(Reverse Quality)

「期望型品質要素」：提高品質等級，滿意度就會上升，降低品質等級，滿意度隨之下降

首先，讓我們來看看「期望型品質要素」。

雖然在白板上，我把它列在第二列，但我還是從這裡開始說明，因為這類型的品質是最直覺、最容易理解的。

所謂「期望型品質要素」，指的是當品質提升時，顧客的滿意度會隨之上升，而當品質下降時，滿意度也會隨之下滑的產品或服務的特性。

舉例來說，在汽車這類產品中，油耗表現與駕駛的舒適度就屬於「期望型品質要素」。

不同的人對這些特性的敏感度可能有所不同，但基本上每個人評價基準都相同。像是購車後，如果油耗表現佳，駕駛者的滿意度自然會提高；相反地，如果很耗油，滿意度就會降低。駕駛的舒適度也是相同道理，開起來順手的車，會讓人更滿意；如果不好開，駕駛體驗的評價就會變差。

感覺上，好像所有品質要素都符合「做得愈好，顧客就愈滿意；做得不好，滿意度就降低」的邏輯。但從之後我們將討論的內容看來，實際上並沒有那麼簡單。

而這正是「狩野模型」最重要的發現之一。

「魅力型品質要素」：提高品質等級，滿意度就會上升，但即使降低品質等級，也不會影響滿意度

接下來，讓我們看看「魅力型品質要素」。

這類要素的特點是如果具備此項特質，會讓顧客感到驚喜並提高滿意度，但如果沒有，也不會降低顧客的滿意度。

我會將這個要素畫在白板最上方第一行，是因為從市場行銷角度來看，它是最為關鍵的一項。

舉個例子，法國汽車品牌雪鐵龍（Citroën）一向以創新設計聞名。如果它推出一款擁有超廣角前擋風玻璃的車型，讓玻璃延伸至駕駛座上方，帶來更開闊的視野與絕佳的開車體驗，那麼這項設計肯定會成為吸引消費者的亮點。如果有這類特色的話，會讓某些消費者感到十分雀躍，會將這部分視為額外的優點，但如果沒有的話，也不會讓人對這台車有什麼不滿。因為普通汽車本來就不會有這種設計，沒有它才是正常的。

「普通」是這裡的關鍵點。換個角度看來，哪些是「魅力型品質要素」？哪些會成為上述的「期望型品質要素」？並非絕對，也有可能是相對的。

例如，現在有許多小型車款，也開始把汽車玻璃的防紫外線功能列為標準配備。

最早剛推出防紫外線功能的汽車玻璃時，因為當時並不是所有車款都有這個功能，理所當然的它屬於「魅力型品質要素」。但隨著時代的演變，這項特性已經逐漸轉變為近似標準配備的「期望型品質要素」。

這也意味著狩野模型的每一種品質要素，從長遠的角度來看，都存在著「市場生命週期」的問題。在這裡請先記住這一點，後面會有更詳細的說明。

「必要型品質要素」：即使品質等級再高也不會提升滿意度，若品質等級下滑，滿意度就會下降

接下來要介紹的「必要型品質要素」特點是，即使品質再高，也不會讓顧客特別感到滿意，但如果低於標準，則會大幅降低滿意度。

以汽車來說，「不會故障」、「可以直線行駛」這類最基本的性能，就屬於這一類。

然而，「不會故障」或「能夠直線行駛」這種看似理所當然的特性，對汽車製造業來說，其實是極為困難的技術挑戰。

舉例來說，讓車輛在高速行駛時能維持良好的「直行穩定性」，不僅需要有穩固的車體結構，還涉及車體設計時的空氣力學（Aerodynamics）、方向盤的手感等諸多因素。

車廠每天都在為了能製造出「可穩定直行的車」而努力不懈。

但你沒有看過哪家車廠在廣告裡大張旗鼓宣傳「新款××，保證直線行駛」吧？因為對顧客來說，這是理所當然的要求。

在狩野模型中，每種品質要素以長遠的眼光來看，都可能隨著時間而改變。而這個概念同樣適用

於「必要型品質要素」。

舉個例子，在日本現在已經幾乎找不到沒有飲料杯架的汽車。正因為如此，幾乎不會有人覺得「汽車裡有杯架」這件事有多值得感謝，甚至也不太會特地確認車內有沒有這項設計。

但當你到國外旅遊或出差時，正好租到了一輛老舊的進口車，發現它竟然沒有杯架時，你會怎麼想？駕駛這樣的車我覺得壓力很大，對我來說，即使其他的性能再怎麼優秀，也無法挽回降到谷底的滿意度。

事實上，最早裝設汽車杯架的國產車是從一九八〇年代豐田汽車的Corolla系列開始。當時它應該還能算是一項貼心的「魅力型品質要素」——有的話會讓人驚喜，但沒有的話，也沒人會多加指責。但之後隨著這款設計的普及，不知何時變成了有的話會提高滿意度，沒有則會讓顧客覺得不方便的「期望型品質要素」。

如今，汽車杯架已經成為必需品，雖然不會因為有它就特別高興，但如果沒有，顧客的滿意度卻會大幅下降，因此它已轉變為「期望型品質要素」。

這正說明了狩野模型中所提的「品質要素生命週期」概念。

「無差異型品質要素」：無論品質等級高低，顧客滿意度都不受影響

讓我們繼續討論下一個吧。

這類要素的特點是，無論品質等級的高低，顧客的滿意度幾乎沒有太大的影響。像在馬路上，車輛故障時會放在車後警示後方來車的「三角警示牌」。每輛車上都會配有這個物品，但幾乎不會有人執著於警示牌一定要是某個品牌的吧？

就算賓士這種高級進口品牌，堅持讓自家三角警示牌也展現「德國職人工藝」，使用最高規格的材料來打造，也不會提升車主的滿意度吧？大多數人甚至根本沒有意識到三角警示牌的存在。

反過來說，假如某輛百萬級進口車的三角警示牌選用搭配最便宜的產品，也可以說幾乎不會有人因此對這台車感到不滿吧？

簡單來說，多數人對三角警示板的品質根本「毫不在意」。

「反向型品質要素」：品質等級愈高，滿意度反而下降

最後要介紹的是「反向型品質要素」。這類要素的特性相當有趣：當品質變好時，顧客的滿意度反而下降；反之，品質變差時滿意度卻上升。

以汽車的「排氣量」為例，通常認為排氣量是愈大愈好，而價格也會隨之上升。但當排氣量超過一定範圍後，卻會因為油耗變差、環保問題等因素，開始讓消費者產生負面觀感。

再比如，假設一輛車的導航系統能夠全面掌握該區域的交通規則，並且擁有無法違反交通規則的自動控制駕駛功能。當這類產品的功能愈好，卻可能讓駕駛人感到過度受限，滿意度反而會下降。

到這裡，我們就把狩野模型的五大品質要素介紹完畢了。

透過這樣的分析，企業能夠更精準判斷產品與服務的價值定位，從而避免耗費大量時間開發不必要的功能，或是在廣告中強調對顧客來說並不重要的賣點。

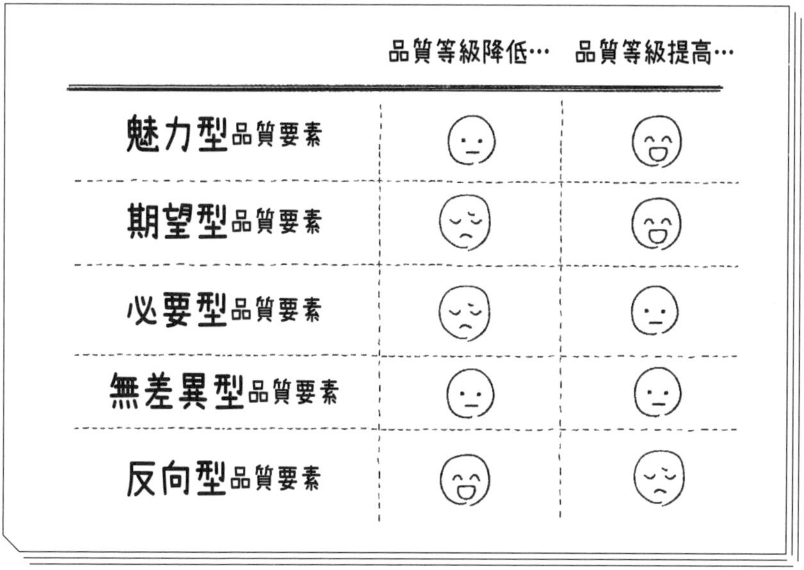
品質等級降低…
品質等級提高…
魅力型品質要素
期望型品質要素
必要型品質要素
無差異型品質要素
反向型品質要素

有關品質要素的錯誤決策，往往源自誤判時代的變遷

當然，不太可能有企業會刻意去開發「無差異型」、「反向型」或「必要型」品質要素。

但實際上，市場上依然充斥著這些類型的產品與服務。原因就在於企業有時也無法正確掌握「時代的變遷」。

許多最初視為「魅力型品質要素」的特點，隨著時間的流逝，會逐漸變成「期望型品質要素」，最終淪為「必要型品質要素」。然而，當顧客需求隨著時間改變，企業卻未能及時察覺，就容易在策略上誤判情勢。

舉例來說，日本的大榮超市（Daiei），過去曾是「超市」的龍頭，也創造出「打破市場價格」的口號，曾是全國最具代表性的低價超市。

要成為「低價龍頭」，企業必須不斷開發新的供應商、精準預測客流量，也必須和不願降低價格的供應商持續抗戰。這需要企業日復一日地投入心血與努力，是一條極為艱難的道路。

然而，無論是企業還是個人，對那些長久以來奮不顧身的努力，和不斷精進才培養出的特殊之處，我們總是會下意識地認為，它的價值將永遠不會改變。

正因如此，人們往往會義無反顧投入大量時間與精力，持續強化這些優勢，而忽略了環境的變化。從某種角度來看，這樣的行為再自然也不過，畢竟這正是人性。

當競爭對手紛紛開始群起模仿，並各自進行鑽研到類似程度時，「低價」這樣的特色，對顧客而言不再是獨特的優勢，而變成是「理所當然」的基本條件。

一旦發生這樣的狀況，企業便必須將目光轉向其他潛在優勢，重新分配時間與資源，投入精力去培養新的競爭力。企業必須靈活調整「人力」、「設備」與「資金」，積極開發新的「期望型品質要素」，甚至是新的「魅力型品質要素」，才能適應市場變化，持續創造新價值。

以當時的超市的業務型態來說，開發高品質的自有品牌熟食、建立會員積點制度、結合電影院等娛樂設施的複合式休閒空間，以及運用數位科技提供創新的購物體驗等，這些都屬於新的特色。

然而，大榮沒有致力開發新的顧客價值，反而仍舊專注在那些已經變成「理所當然」的既有優勢，結果導致其喪失了原本引以為傲的市場領先地位。

「具備」品質要素與「強調」品質要素是兩回事

還有另一種常見的失敗情況，是企業在行銷廣告中刻意主打「無差異型」或「必要型」品質要素，結果只是徒勞無功，無法創造實際成效。

我家附近有一家常去的中式餐館，餐點非常美味、價格經濟實惠，服務也不錯，整體來說我很滿意，很常前往用餐。但這間店有個問題，就是地板總是黏黏滑滑。因為店內的動線設計是服務人員直接進入廚房取餐，廚房地板上濺出的油漬會隨著送餐人員來回走動，而帶到客人用餐的區域，久而久之，地板就變得又油又滑，這也是很難避免的事情。

假如這家中式餐館決定徹底解決地板油膩的問題，從內部裝潢、地板材質到送餐動線，都得全部重新調整。

經過一年的努力，全體員工總算看到成果，成功解決了地板油膩打滑的問題。

然後，店家隨即決定大張旗鼓宣傳這項改變，在傳單上印上「本店地板不再黏膩滑溜！」這樣的標語。

想想看，顧客會有什麼反應？大概會想：「這不是本來就應該這樣嗎？」所謂的「必要型品質要素」，本來就該改善。具備這些條件不會加分，缺少時卻會扣分。如果長期忽視，肯定會出問題。因此，針對這部分進行改善，本身並不一定是錯誤的決策。但是否值得大張旗鼓拿來宣傳，那又是另一問題。

剛才的例子或許有些誇張，但在真實的廣告行銷現場，這類似錯誤卻經常發生。舉例來說，類似「客服電話很難打通」這種問題，許多後來才進入市場的企業，會努力針對使用者的負面印象積極改善。因此決定把此項努力列為主打宣傳內容。

但實際上，這類廣告通常效果不佳。原因其實很簡單，因為對消費者來說，「客服電話打得通」是基本要求，根本算不上什麼值得特別讚美的優勢。

「狩野模型」是從「賣方視角」轉向「買方視角」的切換工具

無論是「地板終於不再黏膩滑溜」，還是「客服電話終於打得通」，這些改善其實背後都隱含著企業龐大的投入與員工的努力。因此，企業會希望將這些成果拿來宣傳的心理完全可以理解。但問題就在於，這樣的思維仍是從「賣方的角度」出發。

真正能打動顧客的行銷策略，必須站在「買方的立場」來思考。

「狩野模型」的價值就在於，它能迫使企業在產品開發與行銷推廣、增加知名度時，將思維從「賣方視角」強制切換為「買方視角」，是一個十分方便的工具。

雖然我們前面也提過，狩野模型最初源自於工程學領域，不過從這個角度來看，它也是非常具行銷價值的工具。

簡而言之，市場行銷的本質就是「時時站在買方的角度思考問題」。

無論是商品企畫、生產的階段，或是行銷推廣商品給顧客時，都應該跳脫自我觀點，從「買方視角」來考慮。也就是不以企業本身的看法決策，而是以客戶的角度作決定。行銷的本質，就是這種「永遠站在買方角度思考」的思維模式。

不過，這些概念或許過於抽象難以理解。之後，我們會透過更具體的案例來深入探討這個議題。

「經常站在顧客角度思考，不正是業務工作的基本原則嗎？」

「業務人員能直接接觸客戶，自然比較容易體會顧客的想法吧？如果企畫不符合客戶需求，對方會很明顯地表示毫無興趣，最糟的情況是直接動怒了。」

「但對於產品開發或廣告行銷人員來說，就很少有機會能直接接收到顧客的意見。從企畫到推出產品往往時間很長，甚至等產品上市後，也未必能立刻聽到顧客真實的使用回饋。」

「產品上市前的準備時間漫長，產品推出後，也不一定能得知顧客的真實使用心聲，這情況其實也和我們的知識和技能很像啊！」

「怎麼說？」

「舉個例子吧，假設一郎你自己努力學習英文，最後終於變得很流利的情況好了。」

「嗯！我也希望自己能有這樣的能力。」

「但問題在於，公司通常只有在一年一次的績效考核時，才有機會評估你的這份努力，而且，即使你獲得升遷或調薪，也很難知道是不是因為你努力學英文才得到這樣的結果吧？」

「對耶，這可能連考核的人自己都搞不清楚。」

「但站在你的立場，你肯定希望公司能看到你的努力，並給予同等的回饋吧？」

「對呀！這是人之常情。我會這麼想。」

「覺得自己的努力應該要被肯定，這種想法其實就是典型的『賣方觀點』吧。」

這時阿蔻稍微靠近我，壓低音量，小聲地說著。

這時候所謂的「買方」，不就是那些評價我能力的主管和公司嗎？

就像車子的買家不會特別讚賞車廠為了讓車能「筆直行駛」付出多少努力一樣，這家公司作為技能的「買方」，也不見得會因我苦練英文而給予回饋。嗯！原來是這樣一回事啊！

「說到英文，我們公司的主管候選人，不少人是從小在國外長大，或是唸國際學校出身的吧？更別提總公司那邊了，英文對他們來說根本是家常便飯，連董事長的孫子都會講呢！」

「所以，想在這家公司往上爬，英語根本就是理所當然的『基本條件』。」

「不過，如果是那種正準備打入海外市場的日本企業，英文搞不好還能變成『買方觀點』下的加分項目喔。」

「所以說，技術或知識的價值，最後還是看『對方需不需要』來決定啊。」

「像英文這種大家普遍認為很重要、備受推崇的技能，有時候在不同的場合，就只是理所當然，甚至對某些單位來說，根本一點價值都沒有。」

「我有個交情很好的前輩，辭掉這裡的工作後跳槽去顧問公司。他還有經營管理學的博士學位，還發表過幾篇挺有名的論文，分析最新的商業模式什麼的，但他總覺得公司沒重用他，常常抱怨。」

「是平田君吧？博士那套行銷理論也是一樣，這些最新的商業模式分析，在我們公司高層眼裡，可能只是『無差異品質』而已。更別說像博士學位這種高階知識，雖然聽起來很厲害，有些主管反而覺得太偏重理論，甚至當成『反向型品質要素』來看待。」

「阿蔻妳也認識平田前輩呀？是之前曾經在聚餐時見過面嗎？」

「嗯！不是，當年他剛進公司時，我曾面試過他。」

「是擔任經理職的面試官之類的嗎？」

「不，是人資面試。」

「欸?!阿蔻妳以前待過人資喔？」

阿蔻只是點點頭，沒有多說什麼。

「這樣你應該了解了吧？為什麼桃太郎的英文能力一直沒什麼起色了吧？」

「因為對他來說，英文早就成了『必要型品質要素』，是理所當然的基本能力了。」

「桃太郎當初被高層冷凍起來，閒到發慌時，還有多餘時間去學些新技能，可是工作一旦忙碌起來，就找不出時間進修其他能力了。」

「所以，與其把時間耗在那些大家都覺得理所當然的能力上，不如把有限的精神投入到『期望型品質要素』或『魅力型品質要素』上，才是更聰明的作法。」

「不過桃太郎其實也不是完全放棄英文，只是改採比較務實的策略，維持基本能夠應付工作所需的程度就好。」

「畢竟，如果缺少『必要型品質要素』會是致命的缺點，過度專注於這些基本能力，會導致資源浪費。但英文也不能完全忽略，畢竟少了這一塊，有時也會變成致命缺陷。」

「所以桃太郎最後乾脆停掉了當時很認真上的英語課，然後把時間拿去修商學院的財務課程。」

「現在的業務部門裡，懂財務的人其實不多。如果他能結合自己擅長的數據分析能力，再搭配財務知識，確實能將這份優勢變成他最大的『魅力型品質要素』。」

「不過，雖然他在數據分析方面的能力確實很強，但其實公司裡擅長使用 Excel 的人也不少。再說，你應該還記得吧？品質的價值也會隨著時間改變。尤其像資訊科技這種瞬息萬變的領域，技能的保鮮期很短。光會用 Excel，未來根本撐不下去。」

「阿蔻，妳每次聊起當年的桃太郎，感覺都像是在說自己的故事一樣呢。」

這句話幾乎是不經思考就脫口而出，等我回過神才驚覺，這樣說可能有點太冒犯了。

但當我有些緊張地抬頭看向阿蔻時，卻發現她臉上浮現出一種沉浸在回憶中的神情。

太好了！或許我可以趁這個機會再深入一點。

「阿蔻，那時的妳真的非常關心桃太郎的職涯發展耶。看得出來妳一直默默在支持他……但妳自己當時，應該也有不少讓妳煩惱的事吧？」

「我呢，雖然說不上有錢，但起碼還算聰明伶俐吧。」

「可是，就算桃太郎再怎麼笨手笨腳，正常來說，誰會這麼熱心幫一個『毫無關係』的人規劃職涯啊？」

「你是想問，我那時是不是喜歡桃太郎？還是……你其實想問的，是我是不是喜歡你？」

「欸？」

「啊！原來是這樣啊。」

我這才意識到這場「棲之木」的市場行銷講座，基本上不也像當年的桃太郎一樣，阿蔻正在幫助我這個不擅長規劃職涯的人，找到自己的方向嗎？

當我還呆愣地僵在原地，試圖理解這層關係時，阿蔻早已進入她的爆笑模式，笑到整個人都快彎下去了。

我剛才向阿蔻拋出的問題，此刻卻反而在我心裡擴散成更大的迷霧，像雲一樣堆積在這低矮包廂的天花板上，久久無法散去。

品質

- 「期望型品質要素」：提高品質等級，滿意度就會上升，降低品質等級，滿意度隨之下降
- 「魅力型品質要素」：提高品質等級，滿意度就會上升，但即使降低品質等級，也不會影響滿意度
- 「必要型品質要素」：即使品質等級再高也不會提升滿意度，若品質等級下滑，滿意度就會下降
- 「無差異型品質要素」：無論品質等級高低，顧客滿意度都不受影響
- 「反向型品質要素」：品質等級愈高，滿意度反而下降
- 有關品質要素的錯誤決策，往往源自誤判時代的變遷
- 「具備」品質要素與「強調」品質要素是兩回事
- 「狩野模型」是從「賣方視角」轉向「買方視角」的切換工具

《狩野模型》

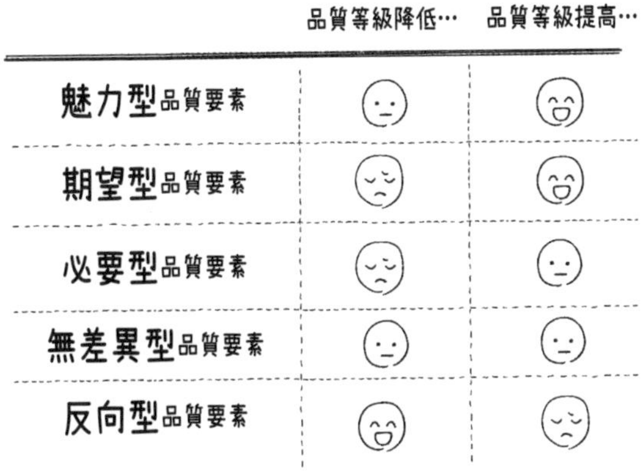

第三講

引人注目①

那天，就在我準備下班前，突然被安排了一場和客戶的線上會議。會議結束後還得整理會議紀錄什麼的，估算一下時間，應該趕不上今天的踢拳課了，只好取消練習。

工作結束後，距離「市場行銷課」開始還有點時間。但公司附近的中目黑街道已經開始熱鬧起來，到處都擠滿了聚餐喝酒、享受夜生活的上班族，氣氛讓我難以放鬆心情。所以我決定先去「棲之木」等阿蔻。

酒吧老闆佐佐木先生總是給人一種懶洋洋、十分隨興放鬆的感覺。

他的身形壯碩，像隻大熊。頭髮看起來像是光頭長出來的短髮，嘴邊和下巴蓄著鬍子，看起來很粗獷、不修邊幅。不過他笑起來的時候，會微微張開略小的嘴，露出整排門牙，那模樣反倒有點像小動物般的憨厚可愛。

大概是因為我和佐佐木第一次見面就是在「棲之木」，而且我是以客人的身分出現吧？雖然我比他晚進岱爾飛，而且年紀也比他小了不少，他卻總是對我說敬語。

嚴格說起來，我和佐佐木先生在公司任職的時期有點重疊，但因為部門不同，當時根本沒機會碰上，也互不認識。

「佐佐木先生，你以前在公司做人資的時候，是負責哪方面的業務呢？」

「我主要負責招募中途轉職的人員，嗯，是的。」

在句尾加上「嗯，是的」，是佐佐木先生的口頭禪。

「阿蔻以前也曾經在人資部門吧？你們有一起共事過嗎？」

「有啊，重疊得很久呢！嗯，是的。我是中途轉職才進入的，一直到六年前離職之前，一直都是負責人資相關的工作。」

話說回來，他說的這些好像也不能完全證明他和阿蔻在人資部門的時間有重疊吧？雖然我也不是很懂，但也沒太在意，就繼續和他閒聊下去了。

「那你跟桃太郎先生有見過面嗎？」

「有的，嗯，是的。桃太郎先生在當部門經理、還有事業群總經理的時候，我們有時候會一起開招募會議。而且，他還來過這裡一次呢！」

「這樣啊？是和阿蔻一起來的嗎？」

「阿蔻沒有一起來。其實阿蔻在開始和一郎先生一起來這裡之前，也沒有像現在這樣那麼常來光顧。嗯，是的。」

我原本以為桃太郎先生和阿蔻總是一起行動，但仔細想想，他們也不可能整天黏在一起。

「話說，阿蔻小姐以前跟桃太郎先生交往過嗎？」

「有喔！交往過喔！嗯，是的。」

佐佐木先生回答得又快又乾脆，讓我當場愣住，只能盯著他的臉，不知該怎麼反應。

他點了點頭，一臉「就這樣啊」的樣子，還用那種輕鬆的表情看著我。

「咦？可是，我記得她之前說過，在美國那段時間沒有男朋友啊？」

「那時候應該已經分手了吧？我第一次見到阿蔻的時候，桃太郎就已經是『前男友』的感覺了，嗯，是的。」

這消息更新的速度有些太快，我的腦袋一時還轉不過來，整個人像當機一樣卡住。

為了讓自己有點時間釐清思緒，我假裝剛好對佐佐木先生拿來打發時間看的日本足球國家代表隊熱身賽感興趣，湊到吧台上的 iPhone 螢幕前。

他看到我靠近，貼心地把靜音模式解除，還調整了iPhone的角度，讓我也能看得更清楚，接著又順手把店內的背景音樂音量稍微調低。

沒過多久，阿蔻身穿著綠松色長版風衣、肩上背著一個簡約帥氣風的黑色大托特包，走進了店裡。

「阿蔻，辛苦啦。」

「辛苦啦～你們在看足球賽？對手是哪隊啊？」

「哥倫比亞，熱身賽啦！嗯，是的。」

那時我坐在吧台旁，阿蔻就在我的左邊坐下，湊近 iPhone 看著小小螢幕上的畫面。

「哇！好強喔！三比〇，是我們贏吧？」

「久保君踢進兩球了！嗯，是的。」

「久保君果然是在國際級賽事上歷練過，抗壓力真的很強！我也該學學他才行。」

「對了，一郎你跟大谷翔平是同年出生的嗎？」

「對啊，和大谷同年，名字又跟鈴木一朗（Ichiro）一樣，結果我現在這副模樣，說出來都覺得丟臉。對了，突然想到，當年我新鮮人面試的最後一關，主考官就是當時還是事業群總經理的桃太郎先生。我那時候還說了什麼『想成為商業界的鈴木一朗』這種鬼話。」

「哦～原來就是這個啊，一郎！」

「欸……什麼意思？」

「你會被錄取、現在坐在這裡，就是因為桃太郎的夢想，正好就是那句『想成為商業界的鈴木一朗』呀！」

「哇……要是桃太郎先生知道我現在這副德性，肯定會開除我吧？不過……他應該早就忘了，應該沒事？」

「才沒有這回事喲！」

「妳是說哪個部分？是他會開除我？還是他還記得這件事？」

「兩個都是。」

「欸，所以他記得我說的話，而且真的會把我開除？」

我一說完這句話，阿蔻和佐佐木先生就同時笑翻。

「我那不過是當時面試上隨口說說的場面話而已，但從桃太郎先生嘴裡說出來，就莫名有種認真要實現的感覺，像在說什麼偉大志向一樣！他的意思應該是，像印度裔的桑德爾・皮查伊（Sundar Picha）那樣，一路爬到 Google 的執行長職位，那種真正的世界頂尖企業的真正領袖，而且還要成為第一個做到這件事的日本人吧？」

「桃太郎從剛進岱爾飛那時開始，到第一次升上經理，甚至到競爭社長大位的時候，一直都這麼說，從來沒變過。」

「所以說，桃太郎先生接下來終於要升上經理了嗎？那是什麼時候的事呀？」

「大概是三十歲左右的時候吧？那時我已經在總公司當經理兩年了。」

照佐佐木先生剛才的說法，他們倆曾在這之前交往過，但那時候兩人應該已經分手了。是這樣子的吧？

不過，儘管桃太郎後來真的從谷底翻身，好不容易要開始邁向光明前程，但像他這樣一度被當成「累贅」的員工，是怎麼辦到的呢？他到底是怎麼從小主管一路升到經理，再到事業群總經理，最後還成了社長呢？這點我到現在還是完全無法想像。

在這段期間裡，阿蔻的職涯到底是怎麼發展的呢？這真是更讓我摸不著頭緒。

更何況，照剛剛的說法來看，阿蔻派駐美國總公司的時候，資歷早已遠遠超過桃太郎，是總公司的管理階層。

「桃太郎先生當時是擔任首都圈業務部門的經理之類的職位嗎？」

「不是，他負責的是業務訓練團隊。」

「那是業務企畫部啊。現在那個職位可是公司內的一級戰將才會擔任的呢！在上週聽完那些故事之後，我更好奇了，桃太郎先生到底發生了什麼事？本來我還以為他最開始只是個業務部經理，結果竟然一下子就派任為頂尖等級的業務培訓經理？」

阿蔻沒有直接回答這個問題，而是從吧檯後方拿起菜單，翻到餐點那一頁後，攤開放在桌上，讓我們可以兩人一起看。

「棲之木」的餐點選擇只有義大利麵、三明治、派和蛋糕這四種。義大利麵和三明治是佐佐木先生親手製作，而派和蛋糕則是每天會從附近的烘焙坊送過來。

「佐佐木，今天每一種派都有嗎？」

「有的，沒問題，嗯。」

「一郎，你知道ＰＩＥ理論嗎？就是專業表現（Performance）、形象（Image），還有能見度

（Exposure）。」

「有聽過，就是說『要升遷的話，實力、形象和能見度的重要性比例是1比3比6』的理論吧？但我一直覺得，最重要的那個『能見度』門檻真的太高了。」

「好，那這次和下次的課，我們就來聽聽看博士在市場行銷課裡，是怎麼思考這個『能見度』吧？佐佐木，給我們各來兩塊豬肉鹹派跟南瓜派，還有我們常點的冰咖啡。」

「今天我們來談談一個概念，叫做『凸顯性』（Salience）。」

簡單來說，所謂凸顯性，就是某個品牌和眾多競爭對手相比時，有多少特別突出的優勢。

從行銷專業的觀點來看，品牌的凸顯性是「實體可得性」（Physical Availability）與「心理可得性」（Mental Availability）這兩項要素相乘的結果。

「實體可得性」指的是消費者可以「多快速、多便利地取得某個品牌產品的程度」。

如果附近的便利商店裡就有販售此項產品，而且還擺放在明顯的位置，那麼這個品牌的「實體可得性」就非常高。

如果討論的是超市或便利商店這類的實體通路，那麼店鋪的距離是否夠近？是否位於車站附近或主要幹道旁等方便到達的位置？這些因素都會影響「實體可得性」。

而「心理可得性」指的是，這個品牌能否在多種不同的情境中，自然浮現在消費者腦中，也就是「聯想強度」的問題。

如果要問兩者之中哪個比較重要？我會說「心理可得性」才是關鍵。

所以，我們今天就從這部分開始說起。

「心理可得性」即是關鍵字與品牌間連結的數量與強度

舉例來說，桃太郎先生會在什麼樣的情境下想到「麥當勞」呢？像是「想吃漢堡」這個情境，應該大家都會聯想到麥當勞吧。

對我來說，每到假日想在外面吃「早餐」時，麥當勞也是第一個浮現在腦海的選項之一。每次問我女兒們：「今天早餐想吃什麼？」她們幾乎都會回答：「麥當勞！」

還有，當我開車途中想找個地方停下來吃點東西時，腦海裡第一個浮現的選項也是麥當勞。

也就是說，「漢堡」、「早餐」、「開車途中」這三個情境，已經與麥當勞在我的腦海中產生了強烈而直接的連結，讓我在這些狀態時，特別容易想起這個品牌。

順帶一提，中目黑這一帶沒有麥當勞吧？

所以，當我在這裡想吃「午餐」時，就比較不會想到麥當勞。但以前我還在博通上班時，我幾乎每天上下班都會經過一家麥當勞門市，所以那時一接近「午餐」時間，經常會想吃麥當勞。

當我在外出途中，想找個「咖啡廳」短暫處理工作時，麥當勞有時也會浮現在我的腦海中。這可能是因為每次去麥當勞吃早餐或午餐時，總會看到「McCafé」這個標誌的關係吧？

所以，無論是「午餐」或是「咖啡廳」這樣的情境，在我心裡，麥當勞都具備一定程度的心理連結。

那相較之下，競爭對手「漢堡王」呢？

當我想吃漢堡時，偶爾也會想到漢堡王的「華堡」。但除此之外，幾乎沒有其他讓我會想起漢堡王的情境。而即使是在「想吃漢堡」這樣的情況下，腦中想起漢堡王的頻率，還是遠遠比不上麥當勞。

如果在白板上整理剛才提到的內容，畫成圖表，大致會呈現這樣的感覺：

麥當勞和我心中多個關鍵字有明確的連結：像是「漢堡」、「早餐」、「開車途中」、「午餐」、「咖啡廳」，這些場景一出現，我就容易想到麥當勞。可以說，在我的腦海中，已經有許多關鍵字與麥當勞之間，產生密集而強烈的連結。

而且，其中某些關鍵字，像是「漢堡」、「早餐」、「開車途中」，與麥當勞的關聯性特別強烈，就像網頁上的超連結是用粗體或醒目顏色標記出來一樣。

但看漢堡王那邊，不但與它相關的關鍵字本來就少，而且這些連結的強度也很弱，完全無法和麥當勞相比。

這些關鍵字在數量和強度上的差異，正是麥當勞與漢堡王在「心理可得性」上，存在落差的根本原因。

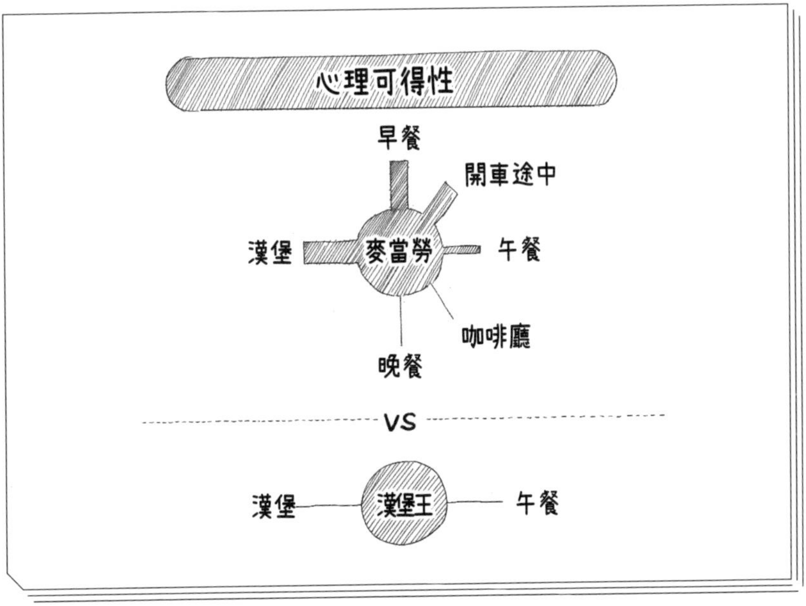
心理可得性
早餐
開車途中
漢堡
麥當勞
午餐
咖啡廳
晚餐
VS
漢堡
漢堡王
午餐

心理可得性強化了實體可得性，而實體可得性再進一步強化心理可得性

為什麼「心理可得性」比「實體可得性」更為重要呢？是因為它會對後者產生龐大的影響。

阿蔻，請試著想像自己是一家零售商的採購負責人。

如果可口可樂與百事可樂同時和你接洽，在店內，你會選擇讓哪一項商品擁有較多的展示銷售空間呢？

除非有特殊的理由，否則，選擇可口可樂無疑是更合理的決定。

這是因為很顯而易見的，消費者在各種不同情境下，更容易聯想起可口可樂。

再者，連妳自己想起可口可樂的次數都更頻繁，且對這個品牌也感到更親切熟悉，因此會有這樣的選擇其實也相當自然。

如前所述，「實體可得性」是「心理可得性」的影響範圍所帶來的其中一項結果，然而，但它同

時也能進一步強化「心理可得性」。

當某個品牌的商品經常出現在店內，或者當店鋪本身的數量夠多，消費者對該品牌的印象也會隨之變得更加強烈，這就是一種正向循環。

先前我們提到，「凸顯性」代表品牌的「顯眼程度」，它是「實際可得性」與「心理可得性」相乘的結果。之所以強調是「相乘」而非單純「相加」，正是因為這兩者之間具有緊密連結、互相影響的特質。

綜合以上因素，如果你想要讓某個品牌變得「更顯眼」，其實答案已呼之欲出了。

首先提高品牌的「心理可得性」，再以此為槓桿來增加「實體可得性」，進而促成一個能夠持續強化心理可得性的良性循環。

廣告是與新關鍵字建立連結的工具

那麼，阿蔻，這次請妳當一下「漢堡王」的廣告負責人吧！

你的目標是讓漢堡王成為像麥當勞那樣「搶眼」的品牌。首先要做的事，就是請妳思考一個能加強漢堡王「心理可得性」的廣告企畫。

換句話說，我們要透過廣告，增加「漢堡王」與各種關鍵字之間的連結數量，並讓彼此的連結更緊密穩固。

整體來說，我們有三個策略方向可以選擇：

1 搶先與麥當勞尚未建立關聯的關鍵字產生連結。

2 強化麥當勞已有連結、但漢堡王尚未建立的關鍵字。

3 針對漢堡王已有但不夠強烈的連結，再次強化。

若以投資報酬率來看，最佳順序應該是1＞2＞3。

因為選擇第二或第三種策略，將會進入與競爭對手的「廣告曝光占有率」（Share of Voice，簡稱SOV）之戰。

「廣告曝光占有率」指的是在廣告市場中，與競爭對手相比，品牌能投入多少廣告資源和曝光率，是一個測量品牌在廣告世界中所占聲量的指標。

而在當今預算緊縮的市場環境下，最明智的作法是先從第一項策略開始。

例如，可以鎖定「家庭派對」這一使用場景，運用廣告讓「家庭派對」與「漢堡王」產生強烈連結。

實際上，從目前的市場情況看來，身為業界龍頭的麥當勞，似乎早已在刻意拓展這類關鍵字的影響力。

回想我小時候，麥當勞曾經是假日時全家人一起外出吃午餐的特別地點。在我的記憶裡，麥當勞與「假日中午外食」這個情境，曾經擁有一條穩固而強烈的連結。

之後，麥當勞逐步擴展了與各種場景的關聯，從「平日午餐」到「早餐」、「咖啡廳」、「晚餐」，一路不斷延伸。

每當拓展到新的情境時，麥當勞都會推出相應的產品，比如「麥當勞早餐」、「麥當勞咖啡」等嶄新的內容，並且搭配精心設計的廣告來強化這些關聯性。

YouTube 上不僅限於麥當勞，可以找到來自世界各地、不同年代的廣告。有機會的話，可以試著搜尋一則讓你印象深刻的舊廣告，然後思考「這支廣告是為了擴展品牌的關聯性嗎？」、「如果是，那它試圖與哪些新的關鍵字建立連結？」

當你開始能夠分析廣告創作者的意圖時，看廣告的時間也能瞬間變成市場行銷課程。

好，今天就先說到這裡吧！

怎麼覺得，好像很久沒吃麥當勞了呀！

「我也是，突然有點想吃麥當勞了。」

「派也很好吃呀！我是說南瓜派！」

阿蔻早就把兩種派都吃完了。

而我只是先吃了豬肉鹹派，不知為什麼，南瓜派完全沒有動。

「哇！這個南瓜派真的很好吃耶！又甜，香料又用得恰到好處。」
「聽說南瓜派是美國家庭中最常吃的派喔！」
「咦？真的假的？怎麼不是蘋果派呢？」
「所以啊，在美國的好市多，南瓜派是很熱賣的商品。尤其是感恩節的時候，幾乎家家戶戶都會買。到現在我還是偶爾會想吃南瓜派。但問題是，在日本，南瓜派的『實體可得性』幾乎是零，根本買不到啊。」
「『心理可得性』也是零吧？或許我這輩子到現在，從來沒有突然想吃南瓜派的時候。」
「但你至少聽過『南瓜派』這個詞吧？」

被這麼一提醒，我突然覺得有點奇妙。

確實，那些「明明知道，卻從來不會想起」的東西，就像被塞進記憶倉庫深處的品牌或商品。它們埋得太深，深到從來沒有出現在腦海裡。

如果仔細找找，我的大腦中肯定還潛藏著許多這樣的東西。

但這樣的「知道」，真的有意義嗎？

至少，對銷售這些品項或品牌的業者而言，這樣「被知道卻想不起來」的狀況，和「完全沒被認識」其實沒什麼兩樣。

原來如此。這就是為什麼博士總是在問「人們會想起這個品牌嗎？」，而不是「人們知道這個品牌嗎？」

「所以，這就是所謂的『不起眼』吧？我在岱爾飛已經七年了，主管們應該也『知道』我這個員工的存在，可是……在關鍵時刻，從來沒有人想起我。可是，真正重要的，其實是「能不能在對的時機被想起」吧？就像說到『派』，人們『馬上就想到』蘋果派一樣。」

「我說的ＰＩＥ，可不是蘋果派那個派喔！」

阿蔻居然開起了玩笑，這真是少見。今天有發生了什麼好事嗎？

「原來如此！真正的問題應該是，『我的ＰＩＥ是在什麼情境之中？』。麥當勞能夠讓博士在『早餐』、『開車途中』、『漢堡』這些情境中想到它，那麼，我應該讓主管們在哪些場景裡想起我呢？」

「不錯喔，一郎。就照這樣子，我們先來想想，當時的桃太郎是如何設計自己的『凸顯性』吧！」

這個問題和以前一樣不簡單，我皺起眉頭，陷入了沉思。

阿蔻沒有回話，只是定定看著我。

「前幾次的討論中，桃太郎先生意識到了『同質化要素』的重要性。於是，他開始認真投入自己原本提不起勁的外勤業務，還透過部門例會拓展人脈，也開始關心、照顧起後輩。」

阿蔻默默地點了點頭。

「桃太郎先生同時也持續強化自己在「數據分析」上的優點，作為一項差異化要素。尤其是特別有機會成為『魅力型品質要素』的財務知識，他也下了不少功夫。相較之下，像是 Excel 技能，就比較接近『期望型品質要素』吧？」

「厲害！像這樣先區分出『同質化要素』與『差異化要素』，再用『狩野模型』的角度深入分析，這已經是進階等級的運用技巧了。」

「英語或許也是一種『同質化要素』，但因為它屬於『必要型品質要素』，所以不需要過度投入精神，我這樣的理解也正確嗎？」

阿蔻驚訝地往後靠了一下，隨即調整了坐姿，然後無聲地鼓起掌來。

「到這裡為止，完美！但即使桃太郎已經徹底站在買方的立場來思考，並確實培養了這些『同質化要素』與『差異化要素』，但問題是那些握有升遷決定權的主管們，可能根本還沒看到他的努力吧？」

「對方不知道是正常的吧？但如果覺得對方應該知道，就會立刻掉回『賣方的思維』了。」

「買方根本不知道，是理所當然的，所以才必須主動宣傳讓他們知道。而這種想法，正是站在買方立場才能得出的邏輯，很有趣吧？」

這讓我想到，有位網紅說過，「經營之神」松下幸之助的一句名言：「打廣告是生意人的義務。」

「所以，想要讓自己被看見，重要的並不是單純大聲喊『我會做這件事！』，而是要營造出一個讓對方『自然而然想起你』的情境。而且，重點是要想清楚對方「重視什麼關鍵字」，然後讓自己和那些字一起被想起來。」

「首先要確定的是那個對象是誰吧？」

「在公司內部，晉升為管理階層的流程是先由直屬上司提名候選人，然後經理們會在晉升會議中進行評估，最後決定晉升名單吧？所以，在這種場合下，關鍵就是弄清楚握有最終決定權的這些經理們，覺得哪些關鍵字最重要？」

「這些長官每個月都要向總公司提交營收與獲利的預測報告吧？如果是數據相關的話，『預測』（Forecast）也許就是其中一個他們會注意的關鍵字？」

我一說完，阿蔻就若有似無的「哦——！」了一聲，看樣子，她認為這個答案正中紅心。

「桃太郎當時也是這麼想的，於是他向直屬主管提出建議，要不要先從關東地區的業務團隊開始，試著做『各產品的業績預測報告』？」

「『各產品的業績預測報告』？這以前沒有嗎？現在我們的業績預測不僅涵蓋營收和獲利，還會和各家客戶的數據一起核對，如果兩者有差距，就折衷後再交給總公司啊。」

「當時還沒有這種作法，所以桃太郎就先從關東地區的業務團隊開始嘗試。接著透過不斷調整，提升預測的準確度，等到這套方法順利實施後，他就在全公司的整體業務會議上分享了這個作法。」

「這樣一來，桃太郎擅長數字和財務的能力，就能自然而然地傳達給主管們。而且，『業績預測』這個對部長們來說至關重要的關鍵字，與桃太郎之間的連結也會變得愈來愈緊密。」

阿蔻看著我，眼神閃閃發亮，就像個剛剛被誇獎烤出美味餅乾的小孩一樣。

「不過，阿蔻，妳在談到當時的桃太郎時，真的像是在講自己的事一樣呢！」

「對我來說，比起自己有所成長或成功，看著桃太郎成長、事業有成，反而更讓我開心啊！」

「這是因為，當時妳和桃太郎在交往嗎？」

今天我回答問題的狀態極佳，不由得自信滿滿地拋出了這個問題。

「才不是呢！現在不也是一樣嗎？我又不是在跟你交往，但還是這樣在一旁陪著你，看著你成長吧？」

我信心十足的一記直拳，被阿蔻輕鬆閃過，且毫不猶豫地迅速還了我一記精準的回擊。

我被打得踉踉蹌蹌退到擂台邊，好不容易才靠著繩索站穩，傻愣愣地分不清這究竟是反擊的一拳，還是直接被飛踢了一腳。

引人注目①

- 「心理可得性」即是關鍵字與品牌間連結的數量與強度
- 心理可得性強化了實體可得性，而實體可得性再進一步強化心理可得性
- 廣告是與新關鍵字建立連結的工具

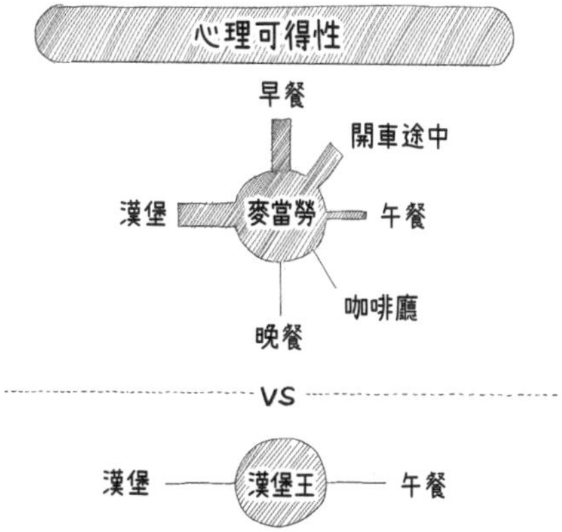

第四講

引人注目②

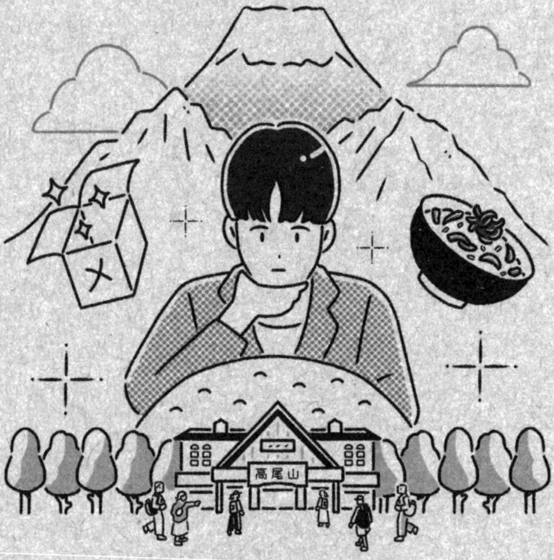

那天，從深夜開始就下個不停的滂沱大雨，一直到隔天早上都還沒停歇。從辦公室的窗戶望出去，只見目黑川的水流渾濁而洶湧，甚至比颱風來襲時還要驚人。

山手通上的車流稀稀落落，街道寂靜得彷彿整座城市的人全都消失了一般。

就在這樣的天氣裡，我看見一位穿著黑白條紋洋裝的女子，撐著透明塑膠傘，站在「船入場」廣場的河岸欄杆旁，凝視著洶湧的河水。她看起來隨時都會被大水吞噬似的，讓我不禁緊盯著她看。

大概是因為今天沒有安排客戶拜訪的關係，我在公司裡從來沒有像今天這樣，頻繁見到阿蔻。阿蔻通常喜歡穿白色或是明亮色系的服裝，但今天卻罕見地穿著一件深色的洋裝。雖然在船入場凝視濁流的那名女子，不論是身形、髮型還是服裝，都與阿蔻完全不同，但不知為何，我竟然開始懷疑那會不會就是阿蔻。因為今天的她，看起來總有著一股說不上來的低沉與憂鬱。

午後，雨勢稍微趨緩，但不知為何，我的心情反倒比上午更加沉重。

傍晚時，阿蔻傳來一則LINE，說今天不去踢拳課了，但沒提原因。

我以為這表示今晚的市場行銷課也要取消了，結果她卻說，還是會照常在「棲之木」見面。

「練習結束後我會快速趕過去！」我這樣回了訊息後，阿蔻傳了一個貼圖，是個剪著妹妹頭的小女孩，豎起大拇指比著ＯＫ的圖示。

等到踢拳練習結束後，雨仍然一直下著。

就在這時，我卻突然想起了目黑川。

河水洶湧得幾乎快要溢出來，而那名站在船入場旁的女子，依然停留在原地，雙腳被雨水浸濕……我用力閉上眼、甩了甩頭，努力著想把這股荒謬的幻想從腦海裡抹去。當我睜開眼的瞬間，平時幾乎沒有車輛經過的小巷裡，居然像變魔術一樣出現了一輛計程車。

搭上計程車趕往「棲之木」，當我推開店門，竟難得看到吧台邊坐著一位女性客人，佐佐木先生正在和她聊天。

佐佐木先生一看到我，立刻熱情地向我彎著腰點頭，招呼我往「洞窟」的方向。

走進洞窟包廂，阿蔻正用雙手抵著額頭，仔細看著 MacBook 的螢幕。她似乎已經吃過了。那張墊在派皮下的銀色鋁箔紙，已經被擺在盤子上，揉成了一個漂亮的圓球。在這間略顯昏暗的洞窟裡，液晶螢幕的藍白色照在阿蔻的側臉上，讓她看起來既像是在苦思，又像是已經下定了什麼決心。

「啊，辛苦了。」

「哦，一郎，辛苦了。」

「妳還好吧？」

「什麼？」

「總覺得阿蔻今天看起來不太舒服的樣子。」

「沒有啊，沒這回事。我沒去踢拳課只是因為有場跟新加坡的會而已。」

「欸？那……你今天是不是有點沒精神？或是心情有點不好？」

阿蔻盯著我，慢慢闔上手中的 MacBook。

「一郎居然這麼擔心我……讓我開始擔心自己剛剛是不是一副很糟糕的表情。」

「不是啦，你的表情很平常。要說平常嘛？嗯，對。不過，阿蔻也會有心情低落的時候嗎？我好像從來沒看過。」

「現在倒也沒有什麼不開心的，不過當然也有低潮的時候啊！」

「那阿蔻以前心情最不好的一次，是什麼時候呀？」

聽到我的問題後，阿蔻輕輕地「嗯——」了一聲，沒有立刻回答，而是將視線從我身上移開，靜靜地望著牆上那盞嵌入式的間接照明燈，沉思了好一會兒。

也許，我問了一個不太該問的問題？

「阿蔻，你跟桃太郎是從什麼時候在一起的？又是什麼時候分手的啊？」

聽到這句話，阿蔻忽然抬起頭，用認真的眼神直盯著我。

我原本慌忙的想趕緊轉移話題，結果卻反而踩到她的地雷了。

看到我明顯慌了手腳，阿蔻忍不住笑出聲，臉上緊繃的表情也隨之放鬆了下來。

「我是在要去美國的時候被甩的。」

雖然語氣聽起來像是在開玩笑，但「被甩」這個詞，還是讓我覺得十分震驚。

「呃……真是抱歉，應該發生了很多事吧？」

「是在二十八歲那年開始交往的，結果算下來，我們也才交往了一年左右吧。」

當阿蔻用「我們」說起和桃太郎過去的這段感情時，讓我突然感覺到與阿蔻之間有一種前所未有的距離。

「原本就是從好朋友的關係，自然而然地發展成了男女朋友，但沒多久我就確定要去美國，然後就突然變成了遠距離。」

「這根本已經不是遠距離的問題了吧？連週末都不可能見面啊。」

「而且根本很難有機會放長假啊！三年內幾乎見不到面，還要把對方綁住，我自己想想也覺得有點不太公平。可是我們兩個當時都忙到不行，根本沒時間好好坐下來討論未來到底該怎麼走下去……」

「阿蔻也要準備去美國的事吧？桃太郎那時候已經是業務訓練團隊的主管了嗎？」

「他那時還沒有擔任主管那個職位。但我們倆都正處於最拚命工作的階段。說實在的，連個像樣的約會都很少，也沒有像一般情侶會一起去哪裡旅行，或在迪士尼裡面兩人一起愉快的過個聖誕節什麼的。」

「所以……是桃太郎先提分手的嗎？」

聽到我這樣問，阿蔻突然笑了，但那種感覺，很明顯地和平時的她不同。

「桃太郎說『等阿蔻回來的時候，我會變得更強大，再重新向妳告白。』，他用這種很有個人風格的方式，把我甩了呢！」

但是，這樣真的是要「甩掉」阿蔻嗎？我默默地想著。

桃太郎先生真的認為自己當時是「甩了」阿蔻嗎？

「就連桃太郎先生，那個時候應該也沒什麼餘裕吧？一些厲害的人都說，第一次升上管理階級，是職涯裡最艱難的時刻啊！」

「的確，從一般職員升上管理階層，應該是最艱難的一步。畢竟，公司裡有九成都是一般員工，競爭對手最多的也正是這個階段。所以，這時候會不會「讓自己被看見」就變得很重要了。」

阿蔻再次打開 MacBook，開始尋找資料夾。

看起來應該像是想結束這個話題了吧。

趁這個空檔，我走出包廂，到吧台前點了鱈魚子奶油義大利麵——這道我一直很想試試的餐點，還有一杯冰咖啡。

今天我們要來談談「領導品牌法則」。

在市場行銷的世界裡，所謂的「領導品牌」，指的是某個品項中最具代表性的品牌，也就是該品項市占率第一的品牌。

例如，在速食連鎖業界裡，麥當勞是領導品牌；在碳酸飲料這一項商品裡，則是可口可樂占領先的地位。

至於「法則」這個詞，在市場行銷領域裡，指的是幾乎沒有例外、總是會發生的現象。

你們應該聽過「墨菲定律」吧？像是「掉下的吐司，總是抹奶油的那一面朝下」這種常見的說法。這裡所說的「法則」，也可以理解為類似上述情況的「現象」。

換句話說，「領導品牌法則」指的就是，在代表該類型領域的領導品牌上，幾乎沒有例外、一定會發生的現象。

最先被記住的品牌，就會成為市場領導者

那麼，這到底是一個什麼樣的現象呢？簡單來說，就是「在該類型中，最早被大眾記住的品牌，即是市場的領導者」。

光聽這句話，或許會覺得理所當然，但關鍵在於，「能成為市場領導品牌的，不一定是該產業中最『優秀』的品牌。」

要成為該產業的領導品牌，打造出優秀的產品與服務當然是最基本的條件，但更關鍵的是，要讓多數人一開始就把這個品牌和這個品項直接連在一起。

我們這些市場行銷專家，經常會用「取得認知」（Perception）這個詞來形容這個過程。而這個「領導品牌法則」的提出者——艾爾．賴茲（Al Ries）與傑克．屈特（Jack Trout）則認為，市場行銷是一場爭奪消費者認知的戰爭。

「說到可樂，就會想到可口可樂。」這一種下意識的印象，也就是消費者的「認知」，就像是淘金熱時期的金礦。第一個發現金礦的人，往往能夠獨占大部分的黃金。而之後才趕到的人，不管是第二個還是第三個，基本上都沒有什麼太大的差別。

在消費者的潛意識知覺裡，最先搶占此一認知的品牌，往往能夠獨占整個市場。

當此一現象發生在多數人腦海中時，勝負其實早已塵埃落定。

在一九七〇至一九八〇年代，著名的「百事可樂大挑戰」（Pepsi Challenge）讓此一話題再掀波瀾，更加引起大眾的注意。結果，最後卻成為驗證「領導品牌法則」的最佳實際案例。

這場實驗行動開始於百事公司（PepsiCo）進行的一項大規模盲測，測試結果顯示，單以口味來說，大消費者更喜歡百事可樂。對此一結果充滿信心的百事公司，決定直接運用此一重要的實驗結果，大張旗鼓的展開廣告攻勢。

廣告本身堪稱史上最成功的行銷戰役之一。所有美國消費者迅速知道了一個事實：如果只比較口味，百事可樂優於可口可樂。

然而，百事公司高層殷切期待的市占率逆轉，卻始終未曾發生。這場長達近十年的強勢廣告攻擊，最後仍無法撼動可口可樂在市場上的領先地位。

即便成功讓消費者認同「百事可樂是更優秀的品牌」，也並不意味著它能夠奪下市場第一的位置。「百事可樂大挑戰」可說是史上最大規模的社會實驗，更進一步驗證了「領導品牌法則」的準確性。

這項法則不僅適用於可樂這種針對大眾消費市場的碳酸飲料，也同樣適用於企業間的B2B市場。

舉例來說，以我曾待過的「廣告代理業界」來看，博通這個產業的龍頭地位數十年來從未改變。那麼，屈居業界第二的電報堂，在服務品質上是否遜色於第一名的博通呢？即便以博通前員工的立場來看，我仍然不覺得兩者之間有顯著差距。

實際上，當這兩家公司在競標大型企業的廣告企畫時，從我曾參與的案子來看，雙方的獲勝機率幾乎是各半。

雙方的實力可說是旗鼓相當。但是，為何業界第二名始終無法撼動第一名的地位、逆轉局勢呢？

關鍵在於，一旦某個品牌搶先一步在顧客心中建立起「〇〇就等於〇〇」的印象，其他較晚進入市場的品牌幾乎無法改變此一早已深入人心的潛在認知。

即使不是最早進入市場的品牌，後來者仍可透過提高產品與服務品質，成為品質最優良的品牌，但這並不代表它就能逆轉市占率的現況。

「最早進入市場」也不一定能成為市場領導者

這裡還有一個非常重要的關鍵。即是這裡所謂的「最早」，並不在於誰「最早」進入市場，而是消費者最先將哪個品牌與該類別產生聯想。

在業界居第二名的電報堂，雖然成立時間比博通更早，但讓多數人最先將「廣告代理商」與「電視廣告」聯想在一起的卻是博通。

換句話說，要成為該類別的領導品牌，並不是只要擁有最優秀的產品，或者比誰都搶先進入市場，而是必須成為「最早在顧客心中和該類別產生連結」的品牌。

如果將目前為止的內容視覺化，整體概念大致如下：

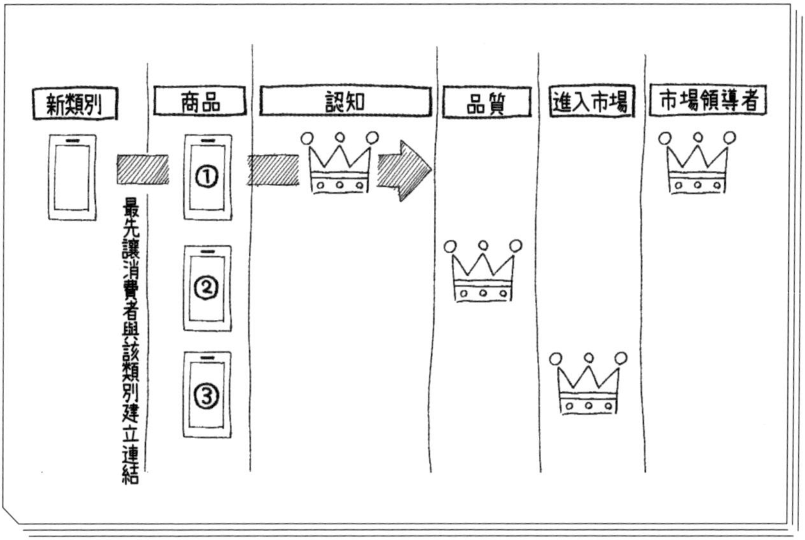

如果無法成為主流品牌，就成為「子類別第一」

那麼，如果無法在「最先抓住消費者印象」這件事上取得成功，那市占第二名和第三名的品牌，就只能在那時接受現實、默默承受了嗎？難道只能永遠放棄成為第一名的理想嗎？

幸好情況並非如此悲觀。

日本最高的山是富士山，那麼請試著思考一下，哪一座山是全日本登山人數最多的山呢？

阿蔻妳說的沒錯，答案是高尾山。

雖然高尾山比不上富士山的海拔高度，但它只要拿下「登山人數最多的山」這一子類別的第一名，依然能透過「領導品牌法則」，穩住自己在這類別中的不敗之地。

日本第二高的山是哪一座？幾乎很少人知道。同樣地，大部分人可能也不太關心日本登山人數第二多的山是哪一座，這就是所謂子類別領導者的價值所在。

現在你們了解無法在主要類別中搶先取得消費者認知的品牌，和在加入市場時，該領域已有獨占性領導者的品牌，應該採取何種策略了吧？

這些品牌可以透過開創新的領域或子類別，把目標轉向成為該領域的領導者。

以廣告代理業為例，CyberAgent 成為「數位廣告代理商」這個子類別市場的佼佼者，就是很好的範例。

當新的子類別一旦成立，很可能迅速成長，甚至最後超越原來的主流類別，這種情況在市場上早已屢見不鮮。從長遠的角度來看，也可以說市場的趨勢必將有所轉變。

即使市場上有領導者效應存在，但大型企業的壟斷地位終究會受到挑戰，新興企業也有機會成為下一個產業龍頭。由此可見，市場中新舊更迭循環的機制即在此。

好了，用餐時間也到了，今天就先討論到這裡吧！

今天我也還沒吃午餐，那我們就去吃碗牛丼好了。

「說到這個，以前我吃牛丼一直都只選吉野家，但前陣子因為附近只有松屋，就去試了一下，結果發現其實一樣好吃啊！而且還有免費的味噌湯。這樣看來，牛丼界的領導品牌並不見得就是最好的，這說法還真的蠻有道理的。」

「牛丼這個品項的龍頭是『SUKIYA』喔。吉野家排第二，第三名才是松屋。」

「咦，真的假的？我一直以為是吉野家耶。」

「經營SUKIYA的善商控股株式會社（Zensho Holdings Co.,Ltd.）旗下還有不少速食連鎖品牌，他們在展店方面特別厲害，所以門市數量遠遠超過其他競爭對手。也就是說，在『實體可得性』這點上，SUKIYA就已經取得了明顯優勢。」

「這不就跟我們上週學到的一樣嗎？不過這樣一想，上週提到的『最先被記住的品牌會成為領導者』，如果換個角度來看，就很像是進入了某種『心理可得性』的加分關卡的感覺吧？」

「應該說是像進入了『永久加分關卡』吧。對於習慣將『牛丼』和『吉野家』畫上等號的年齡層來說，只要一想吃牛丼，腦中第一個浮現的畫面就是那個橘色的招牌。在這種情況下，不管松屋再怎麼努力提升牛丼的美味，或是提供免費味噌湯，單憑產品本身或服務的力量想追上吉野家，還是很困難。」

「也就是說，一決勝負的不只是味道或服務這麼簡單啊！這樣一來，我對上週講的『PIE理論』就更能理解了。」

阿蔻看了一下自己揉成球狀的銀色錫箔紙，像是在稱讚小寵物似地輕輕推了它一下。

「再深入一點來說，就算吉野家的牛丼才是正統老字號，松屋附的免費味噌湯有多超值，只要SUKIYA能一舉奪下『年輕族群』或『地方市場』消費者的潛在認知，它就能晉升成新的領導品牌。」

「這種大逆轉戲碼，在變化速度極快的網路世界裡特別常見吧？像臉書明明是後來才出現的社群媒體，一開始功能也有限，但它就是迅速掌握了大眾的注意力，使得先進入市場的MySpace最後不得不黯然退出。」

「這樣說來，美露可利（Mercari，日本二手用品網路交易平台）也是類似的例子吧？我以前是雅虎（Yahoo）拍賣的忠實用戶，畢竟雅虎拍賣可以用固定價格交易，功能也很齊全，剛開始對美露可利完全沒什麼興趣。但後來發現年輕族群都開始用美露可利，商品數量也漸漸變多，結果現在我自己也被吸引過去，變成只用美露可利了。」

「這就是博士最後提到的那個市場循環機制啊！也就是在『網路拍賣』這個大類別底下，另創一個『二手交易市場Ａｐｐ』這個子類別，然後一舉奪下該市場的領導地位。等這個子類別成長到超越原本的大類別時，就會出現剛剛一郎你說的那種情況了。」

「畢竟『認知』是存在對方腦中的東西，這樣看來，它果然也屬於『買方觀點』的一部分吧？相對來說，像是技能或知識這類的『實力』，則是存在自己腦中。假如一個品牌只專注於提升自己的實力，卻沒發現自己根本不在對方的認知範圍內，那從本質上來看，它還是停留在『賣方觀點』吧？」

我一說完，阿蔻一邊頻頻點頭，一邊不停地撥弄著那團揉成球的銀色派皮錫箔紙。

「沒錯，這就是當初被邊緣化的桃太郎啊。他當時總是滿肚子怨氣地說『為什麼沒人認可我的實力！』，那正是一種典型的賣方心態。」

「但真正該做的，是從買方角度出發，設法掌握對方腦中的認知才對吧？」

「沒錯，而且從『領導品牌法則』來看，這類行動還得一鼓作氣才行。就像美露可利還是新創階段時，就大手筆的在電視廣告上砸錢，迅速在消費者心中建立起『跳蚤市場App』的認知一樣。」

「但桃太郎又不是商品，總不能像美露可利那樣在電視上打廣告吧？他到底是怎麼做到的呢？」

「嗯……你猜呢？」

阿蔻仔細地看著我，沒有繼續說下去。

在岱爾飛，有一場由社長親自主持、名為「Town Hall」的全體員工大會。對像我這種平時沒什麼機會接觸高層的人來說，那幾乎是唯一能親耳聽到桃太郎先生講話的場合。

我回想起他在全體員工大會上神采飛揚地向全體員工說話的模樣，想像著年輕時的他，究竟如何努力不懈地「讓自己被看見」。

「對了，前陣子在全體員工大會上，桃太郎先生問大家：『有沒有人有問題？』的時候，今田先生舉手了。當桃太郎先生說『那請今田先生提問』時，感覺他整個人都變得特別開心耶！」

「今田先生可真是『有人氣』啊，連身為前輩的一郎你都這麼常提起他。」

「人氣王……，原來如此，我懂了！那場大會，其實就像日本岱爾飛的『大眾媒體』嘛！」

「桃太郎會那麼高興，大概也是因為他以前就是那個會舉手發問的一方吧？」

「原來如此。也就是說，他透過在全體員工大會上主動發問，一舉掌握在場所有主管的認知吧？但問題是……桃太郎先生不是不太擅長英語嗎？當時的社長好像是雷先生吧？他真的這麼做了嗎？」

「每次全體員工大會之前，他都會先用日文把要問的問題寫好，我再幫他翻成英文，他就整句背起來，到現場發問。」

「就算這樣，還是挺困難的耶……」

「剛開始當然會緊張，但久了之後，大家就習慣了，也會覺得『這個人就是會發表意見的人』，所以一開始那種尷尬的關注感就會慢慢減少。一旦迅速適應了這種感覺，他甚至還會對我的英文翻譯挑三揀四呢！」

「這時候就會想說，那你乾脆自己翻啦！」

聽我這麼說時，阿蔻忍不住苦笑起來。看著她的表情，還是讓我覺得她與桃太郎之間的關係，不只是同事這麼簡單。

我能壓抑住這種感覺不說出口，或許是因為今晚的阿蔻，多了點說不出的沉靜與憂鬱，有些和平常不同的緣故。

無論如何，還好我忍住了。

或許，從前與桃太郎先生的那段過去，對現在的阿蔻來說，仍然是一道尚未痊癒的傷口吧！

引人注目②

- 最先被記住的品牌，就會成為市場領導者
- 「最早進入市場」也不一定能成為市場領導者
- 如果無法成為主流品牌，就成為「子類別第一」

《領導者效應」》

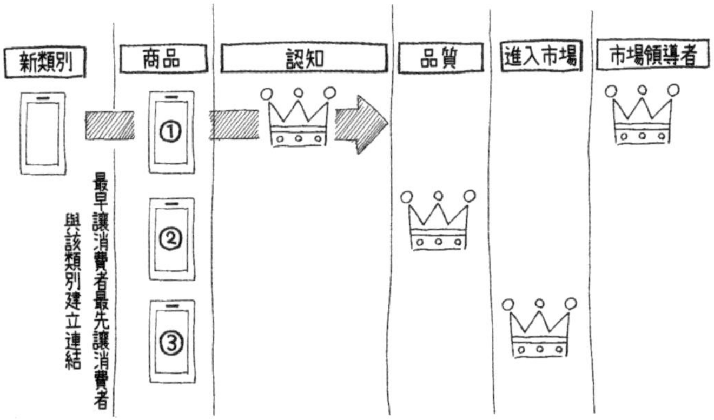

第五講

「傳達」

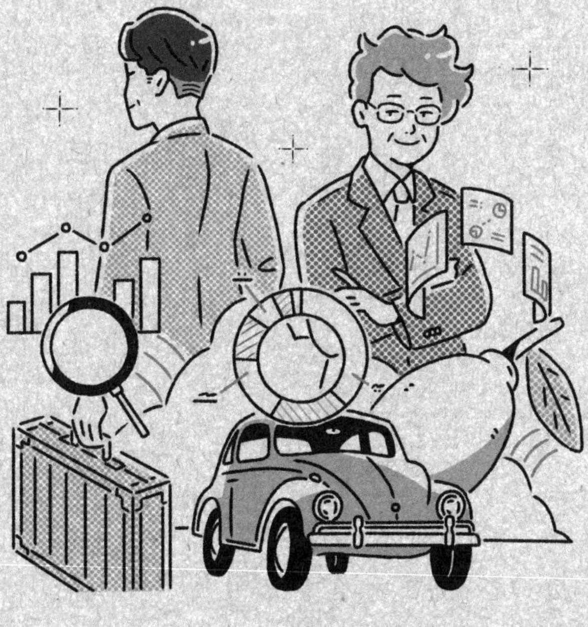

因為阿蔻說她週三要回橫濱家中辦點事，所以上週的行銷課程就暫停了一次。

星期五，我跟朋友喝酒喝到天亮，星期六則是整天窩在家裡，甚至連房間都沒踏出去一步。一直到了星期天，我才勉強提起沉重的步伐，中午時去了橫濱港區的「港未來」。

並不是有什麼特別的目的地。只是我的老家也在橫濱的戶塚，對我來說，「港未來」是充滿高中回憶的地方。

不知不覺，已經有好一陣子沒來這裡了，整個街景變了不少。記憶中的家庭餐廳已經消失，讓我有種被朋友拋下、獨自一人留在原地的落寞。

週一上班時，我在公司裡見到幾次阿蔻，但總覺得沒有適合聊天的時機，而從健身房到「棲之木」之間的閒聊，也全圍繞著我所屬部門的人事異動話題，討論得十分熱烈。

結果，那些本來想聊的「橫濱回憶」，最後還是留到「洞窟」才有機會說出口。

「我星期六久違地去了一趟港未來，那一帶變化還真大呢！」

「真的變了好多，現在新市政府大樓蓋起來了，還多了空中纜車。」

「『港未來』對我來說是滿滿的高中回憶，不過現在那裡多了好多陌生的大樓，整座城市都變得不認識我的感覺。」

「但對我來說，橫濱一直是我最有歸屬感的地方耶！每次回去都會這麼覺得。從美國回來的時候，我先回了橫濱的家。搭著機場巴士的我，遠遠看到港未來的景色時，眼淚都掉下來了。」

「我懂！每次搭機場巴士，從橫濱港灣大橋看到港未來，都會有種『終於回家了』的感覺。不過我還沒離開日本那麼久過，倒是還沒感動到哭啦。」

「其實也不是懷念，應該是因為當時在美國過得太辛苦了吧？回到家鄉的那一刻，才終於有種鬆一口氣的安心感。」

會因為看到港未來這座城市的景色而流下眼淚，這樣的情景，反而很像阿蔻的個性。平時不輕易在人前示弱的她，恐怕也只有在那樣的時刻，才會稍稍卸下心防吧。

「果然，派駐美國工作真的不容易吧。聽說那邊還是會遇到一些歧視？」

「那也是其中一個原因吧！不過最主要的，應該是各種人生第一次的經驗，一口氣快速迎面而來的衝擊。像第一次一個人生活、第一次當主管、第一次做這類型的工作，然後當時的英語程度根本不夠用，週末也沒有朋友可以聊天散心。結果最後連男朋友都跟我分手。現在回想起來，其實對那段時間的記憶已經很模糊了，說真的，我也不知道自己到底是怎麼撐過來的。」

「你是說感覺像是失憶一樣嗎？」

「我也不確定是不是失憶，但至少第一年的事幾乎完全想不起來了⋯⋯，不過，我還記得自己不斷重聽博士的課程，還有一部喜歡的電影，一看就看了好幾遍。」

前陣子聊到「人生中最低潮的時候」，阿蔻一度沉默了好一會兒。

或許，當時她就是想起了這段日子吧。

對阿蔻來說，和桃太郎先生的分手，只是眾多考驗的其中一項而已嗎？

不過，如果當時桃太郎先生能在精神上陪伴著她，也許她就不會痛苦到幾乎喪失記憶了吧？

阿蔻剛才說自己曾反覆聆聽博士的行銷課程。雖然那些錄音裡幾乎沒有桃太郎先生或阿蔻的聲音，但每當我聽到那些課程，總會感受到他們兩人的存在。

也許阿蔻也是如此。她日復一日地聽著博士課程的錄音，只是為了能在異鄉感受桃太郎先生曾經留下的痕跡。

「那段黑暗時期持續了多久呢？」

「大概一年左右吧。到了第二年，慢慢習慣了英文母語者講話的速度，也交了幾個朋友，開始開車四處走走。工作也逐漸熟練，變得充實起來。」

「妳那時候在做什麼工作啊？」

「在日本的話，應該算是培訓企畫吧？不過是國際版的。像是分析全球各地的業務成功案例，然後把它們整理成一個大家都能夠運用的模式。」

「像是5S那種？」

「沒錯，就是那套5S，那還是我在總公司時設計出來的喔。」

5S是岱爾飛公司在新進員工的第一堂業務培訓課時，就會學到的基礎銷售模式之一。它的核心概念是透過寒暄閒聊得知客戶的需求，為待解決的問題建立假設，尋找能解決該問題的解決方案，然後向客戶提出建議，最後釐清下一步要做出什麼行動。這五個步驟的英文名稱都以S開頭，因此稱為「5S」。

我今天我也才剛用這套5S的架構，完成了兩場業務簡報。

「真的嗎？我一直以為那是總公司早就有的流程架構耶！上網搜尋的話，好像也滿常看到『岱爾飛的5S』這個說法。」

「可能這也要歸功於博士的課吧。行銷領域裡不是常出現3C、4P、5C之類的名詞嗎？」

「這些名詞我也大概知道，但話說回來，要設計出像5S這種架構，怎麼想都不是簡單的事吧？」

「雖然不能說是隨便想出來的，但其實設計一個架構本身並沒有想像中那麼困難。「真正困難的，是怎麼向大家說明這個架構的概念，讓大家理解它的價值，進而願意實際運用它，也就是說真正的關鍵在『溝通』這件事上。」

「這句話實在很有既視感耶……」

「桃太郎那時候剛升上經理，也正好遇到這個課題。他應該很有感吧——怎麼樣把自己的想法傳遞出去、讓別人願意行動，其實是很困難的事。」

阿蔻這麼說著，抬頭望向空中，沉思了一會兒，接著打開 MacBook，手指開始在上面動了起來。

「剛好有一堂課，很適合今天這個主題唷！」

今天要介紹的，是一個叫做「行銷溝通宏觀模型」（Macro Model of Communication）的概念。

這個模型主要用來分析當企業透過廣告或其他宣傳等方式傳遞訊息時，這些訊息會如何被接受者接收與理解？

行銷溝通宏觀模型＝產生誤解的機制

那為什麼需要進行這樣的分析呢？

因為「誤解」與「被忽略」，是所有溝通過程中無法避免的現象。

就算是家人或好友之間的日常對話，也常會有聽錯、聽不懂或是完全沒在聽的時候吧？

既然如此，更何況是完全不認識的企業與消費者，透過「媒體」這樣一個管道進行宣傳溝通時，又怎麼可能不產生誤解或被完全忽視的現象呢？

於此同時，廣告溝通中所產生的誤解與訊息被忽略，會使問題更加棘手。

企業的廣告與家人或好友的日常對話不同。企業在廣告中，幾乎沒有機會去解釋被誤解的內容，也無法對訊息被忽視表達任何不滿。

而且，一旦廣告訊息被誤解，對企業造成的傷害，遠比日常對話溝通中產生的誤會還要更加嚴重。

因為廣告的本質是擴大企業想傳遞的訊息，但同樣地，它也會將錯誤的解讀放大。

這些被放大的誤解，再透過社群媒體進一步擴散傳播，最終就可能導致龐大的輿論壓力。

然而，如果能夠理解溝通過程中，誤解與忽略訊息的產生機制，就能夠事先防範，儘可能避免類似事件發生。

這也正是這套「行銷溝通的宏觀模型」誕生的原因。

我們先在白板上畫出整體的概念圖。

現在還看不懂這張圖要說些什麼，也沒關係。

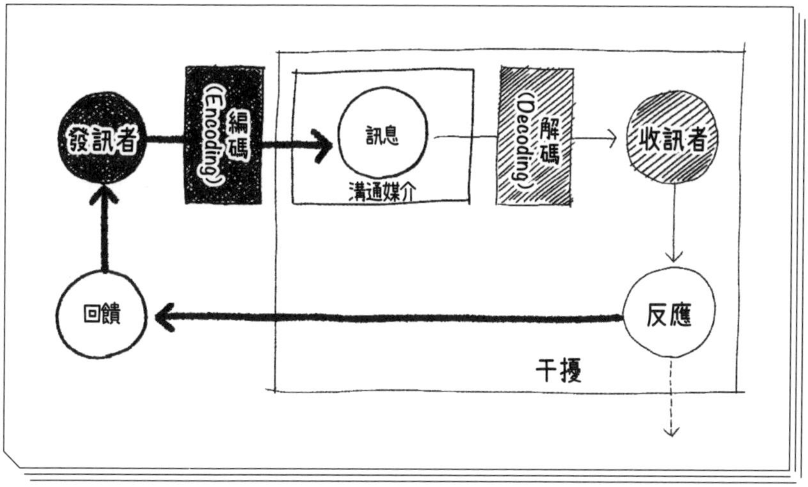
發訊者
編碼
(Encoding)
訊息
溝通媒介
解碼
(Decoding)
收訊者
反應
回饋
干擾

編碼＝選擇性扭曲＋選擇性注意

我們先從「收訊者」方面的解碼過程開始講起。

請注意圖中用細線標示的部分。

其中包含「解碼」（Decoding）和「反應」兩個關鍵概念吧？我們就先從這兩個要點開始說明。

在這套「行銷溝通的微觀模型」中，企業透過媒體傳遞的訊息，會經過消費者進行「解碼」處理。

解碼的意思是，收訊者會在無意識之中，將發送方的訊息轉換成自己較容易理解吸收的形式，此一心理過程便是所謂的「解碼」。

舉個例子來說，幾年前曾爆發大規模食物中毒事件的某家乳製品公司，後來獨自研發出一款新乳酸菌，並命名為「Spark gasseri菌」。

當消費者在廣告中看到這個名稱時，可能會下意識地將注意力集中在「Spark」（火花）和「菌」這兩個名詞身上，甚至會聯想到工廠內細菌四處「爆發」的畫面。

這種現象，就是接收者根據自己過去的經驗與認知，在無意識中扭曲原始訊息後接收，我們稱之為「選擇性扭曲」。

這對企業來說，訊息被誤解當然是一件十分麻煩的事，但若與完全沒有被消費者注意相比，可能還好一點。

因為當收訊者直覺判斷某則訊息與自己無關時，他們往往會在潛意識之中，直接選擇忽略。這種自動忽略與自己「無關資訊」的行為，就叫做「選擇性注意」。

簡單來說，「選擇性扭曲」與「選擇性注意」共同影響了訊息的「解碼」過程。

當顧客接收到經過「解碼」的訊息後，接下來便會出現各種「反應」。最常見的例子像是在社群媒體轉發貼文、留言回應，這些都是最直觀可見的行為。

在數位廣告中，這些反應可透過行為數據追蹤，例如點擊橫幅廣告或完整觀看廣告影片等。如果是電視廣告或平面媒體廣告，通常會透過問卷調查來評估受眾的反應。

另外，有時候廠商期待著市場會有某種程度的「反應」，但實際上卻毫無動靜。這通常代表訊息被「選擇性注意」的機制自動忽略，也可以說是眾多可能反應中的其中一種。

由於「解碼」過程就像一個無法窺視的黑盒子，就連接收者自己也可能無法清楚說出自己是怎麼理解這則訊息。

不過「反應」是這個黑盒子產生的可見輸出結果，因此不僅收訊者能夠意識到自己的行為，發訊者也能透過觀察加以分析。

至於企業該如何處理這些「反應」，接下來我們會在發訊者階段做進一步說明。

透過分析干擾，預測可能出現的解碼

在「收訊者」的流程中，還有另一個值得注意的重點。

從訊息的「解碼」到產生「反應」的過程中，收訊者會受到各種「干擾」的影響。

這裡所說的「干擾」，並不只是噪音或雜訊那麼簡單。

而是指從發訊者的角度來看，凡是可能影響訊息傳遞結果的外在因素，我們都可統稱為「干擾」。

不論這些干擾對接收者是必要還是多餘，是令人愉悅或不適，只要有潛在影響，皆可視為干擾來源。

例如，某位網紅的發言、競爭品牌的廣告、賣場的陳列資訊、媒體報導、網友評論等等，這些都可能是典型的「干擾」來源。

換個說法來比喻，如果發訊者的訊息是一杯清澈透明的水，那麼「干擾」就是讓這杯水變得混濁，或是染上其他色彩的所有外在因素。

讓清澈如水的訊息變色的原因，可能是讓人覺得骯髒的泥巴，也可能是色澤美麗的染料，甚至可能是各種不同的外在因素混合在一起的結果。

因此，收訊者的「解碼」與「反應」，其實是針對這則已經被雜訊影響、變色的訊息所做出的回應。

由於「解碼」的過程本身就像一個黑盒子，因此無法完全預知收訊者最終會如何解讀。

但如果能事先掌握這則訊息在實際「解碼」前已經受到哪些干擾的影響，就能在某種程度上預估解讀結果。

而這也正是仔細分析「干擾」的核心價值所在。

以上內容即是收訊者端的完整過程解說。

將收訊者的反應轉變為發訊者的改善行動，即是「回饋」

在理解了收訊者端的機制之後，發訊者應該注意哪些重點呢？這正是圖中用粗線標示的關鍵點。

此部分包含「編碼」與「回饋」兩個重點。

所謂的「編碼」，指的是在設計訊息時，必須預先考慮到收訊者在接收與思考過程中可能產生的偏差，例如「選擇性扭曲」或「選擇性注意」，並據此進行內容調整。

還記得我們之前提到的某款新研發乳酸菌名稱「Spark gasseri菌」的案例嗎？如果一開始就能預測到消費者可能會把名稱中的某些詞聯想在一起，進而產生負面印象，那或許就可以避開「菌」這個容易引起誤解的字，調整為較中性、強調其功能的名稱「ＳＧ２」，來降低風險。

不過話說回來，即使事前再怎麼努力調整，也無法百分之百預測，收訊者最後會如何解讀這則訊息。訊息的解碼過程，仍是一個無法完全掌控的未知領域。

因此，發訊者必須時常觀察收訊者的「反應」。

發訊者也能直接觀察到這些「反應」。雖然無法直接控制收訊者，但發訊者可以決定自己如何處理這些反應。

換句話說，發訊者可以將收訊者的反應，進一步轉換為自己的改善依據和策略。

而這一連串的過程，就是我們在此所謂的「回饋」。

舉例來說，剛提到將某款新研發的乳酸菌名稱改為偏重功能性的「SG2」之後，雖然成功避免了負面聯想，但透過消費者問卷調查卻發現，消費者對這個新名稱無法感受到「健康價值」與「功能性」，不像比菲德氏菌這些既有名稱，能夠帶給人「有益腸道健康」的形象與聯想。

這時，發訊者就可以根據這樣的反應，進一步思考是否要調整命名策略，另外改名為「益生菌SG2」，這也是改善行動的一個案例。

這類型的問卷調查，雖然可以在產品上市前進行，但身為市場研究人員，只能遺憾地說，幾乎是不可能在事前獲得完全精準的結果。

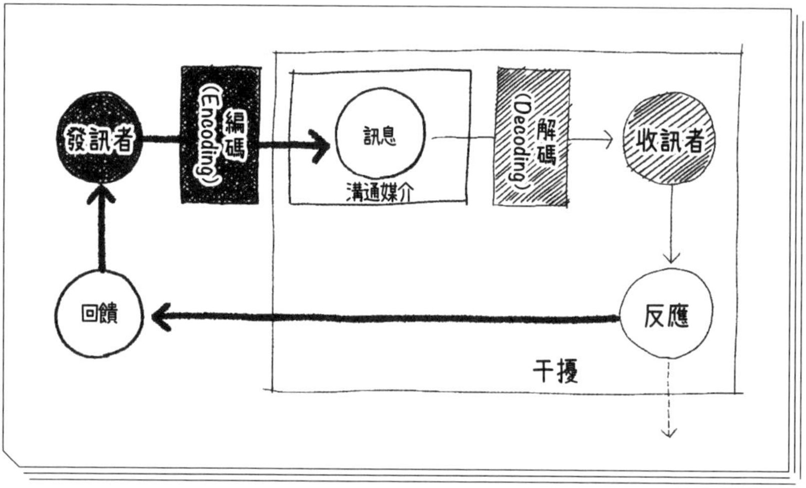
發訊者
編碼
(Encoding)
訊息
溝通媒介
解碼
(Decoding)
收訊者
反應
回饋
干擾

原因在於，事前的問卷調查設計，很難真實完整地重現收訊者所處的「干擾環境」。舉例來說，若產品名稱是「Spark gasseri菌」，有某些收訊者可能會在社群媒體上發文：「某某品牌優格又有細菌大爆發了！」，這類的反應可能會影響其他消費者對這個產品名稱的解讀。然而，以現階段的市場研究技術來說，還無法預測這類干擾如何出現、會造成什麼程度的影響，且ＡＩ也尚未發展到能夠完全預測這類「干擾」的可能性。因此，即使事前調查結果一切正常，一旦正式廣告上線後還是可能爆發爭議，這種情況在實務上屢見不鮮。

這正是由於現階段的市場調查方式，無法有效將「干擾因素」納入模擬與評估所導致的結果。既然事前防範無法萬無一失，那麼唯一的解決方法，就是在事後密切觀察受眾的反應，並將這些反應轉化為「回饋」，持續修正和優化訊息內容，以降低風險。

從前我們常將廣告稱為「大眾傳播」（Mass Communication）。雖然廣告本質上是單向的資訊傳遞，但只要不斷觀察反應、調整內容，這整個過程就會逐漸演變為一場「雙向溝通」。

如今，隨著社群媒體的興起，企業已經能夠直接與消費者進行真正的雙向交流。

不過，早在社群媒體出現之前，對於善於運用廣告的品牌而言，廣告本身其實就已經是一種「雙向溝通」的方式。

廣告展現的技巧＝解碼的技巧

最後，讓我們來看一個經典的廣告案例，可說是「大眾傳播」的最佳範例之一。

如果我們一直討論失敗案例，那你們兩個可能會對廣告產生陰影，到哪天真的當上了社長，反而什麼廣告都不敢用，那可就本末倒置了。

其實，在廣告界有一些被奉為經典的名作，歷經數十年仍被廣為傳頌。

其中，我最喜歡的一個，就是福斯汽車（Volkswagen）那支著名的「檸檬」（Lemon）廣告。

對廣告稍有研究的人，一聽到這個名字，腦海裡應該會立刻浮現出那張知名的雜誌廣告——這支廣告於一九六〇年刊登在美國，堪稱平面廣告的傳奇[3]。

在汽車產業中，「檸檬」這個詞其實意指「瑕疵品」。

而這則廣告的創作者，正是傳說中的創意大師——威廉．伯恩巴克（William Bernbach）。這則雜誌廣告的畫面十分簡潔，畫面正中央放著一台經典的黑色金龜車（Beetle），下方以超大字寫著「Lemon」這個醒目標題。

而接下來的內文，也就是以較小字體顯示的主要內容裡，則描述了這樣一段故事。福斯工廠裡有成千上萬名擔任品管的檢驗技師，其中有一位名叫庫特。他發現這台金龜車的鍍鉻表面有一道細微的刮痕。也就是因為這個微小的瑕疵，這台車最後被判定為「瑕疵品」，無法出廠。

簡單來說，這則廣告想傳遞的訊息就是：連這麼完美的車，都會因為一丁點瑕疵而被淘汰，可見福斯的品管標準有多麼嚴格！

順帶一提，「Volkswagen」在德文中的意思是「大眾車」，該品牌原本就是德國政府為了推廣汽車普及而成立的國營企業。

因此當時的品牌形象，比現在更具德國色彩，不論好壞，整體品牌形象都給人一種樸實無華的感覺。如果用服裝風格來比喻，當時的美國車品牌就像是穿西裝或燕尾服的紳士，而德製汽車品牌則更像是穿工作服或制服的工作者。

3 參見：https://wda-automotive.com/lemons-volkswagens-always-have-been/

伯恩巴克正是巧妙利用了這種「品牌既定印象」所帶來的文化干擾，進行精準的編碼。

試著想想，當讀者看到「瑕疵品」這個詞時，是否反而會強化對德國品牌「一絲不苟、勤勞嚴謹」的信賴感？這就是伯恩巴克巧妙運用典型的「選擇性扭曲」，將其反轉為品牌優勢的經典範例。

這種出其不意、自嘲缺陷的手法，不僅吸引了讀者的注意，也成功突破了那些原本對德國車不感興趣的潛在顧客心防，打破了他們的「選擇性注意」。

結果，這則廣告一推出，金龜車的銷售量一飛沖天！

伯恩巴克觀察到這則廣告的市場「反應」後，立即把這套成功的編碼方式視為勝利模式，接二連三地趁機推出了第二波、第三波的平面廣告。

他巧妙地運用市場反應，並將其轉化為「回饋」，並透過這個循環，持續優化福斯的廣告策略。

就這樣，福斯的金龜車一躍而成為暢銷車款。

說一個題外話，其實我在學生時代也曾買過一台二手的敞篷金龜車。

那時剛開始和現在的太太交往，想買一台適合約會的車。還記得交車當天，我特地放著松任谷由實的歌，開著車前往歌詞裡提到的那家橫濱老咖啡廳兜風。

說到這裡，忽然想起，週末是不是該帶著家人再去橫濱走走呢？

「上次你應該有看到那棟新蓋的市政府大樓吧？你知道橫濱現在的新市長是誰嗎？」

「完全不知道耶……其實我連以前的市長是誰都不太清楚。」

「『前』一任市長是林文子，她原本是BMW日本分公司的社長。現在那棟新市府大樓就是她任內決定建造的。現任市長是山中竹春，原本是位大學教授。」

「你對這些還真熟！有種很關心家鄉的感覺。」

「因為那次的橫濱市長選舉可說是場混戰，當時在全國各地都掀起不少話題呢！」

「這麼說來，好像真的有印象。對了，我記得田中康夫是不是也有參選？」

「沒錯！就是那位前任長野縣縣長。除了他之外，還有前神奈川縣縣長松澤先生、當時擔任日本警察最高主管、國家公安委員會長並受到菅首相支持的小此木先生也有參選。當然還有現任市長林文子……」

「這陣容好強大啊！那麼，在這麼多大咖中脫穎而出的竹中先生，到底是何方神聖呀？」

「你說的是『山中』竹春吧？他在宣布參選之前，他是橫濱市立大學的教授，專門研究資料科學

（Data Science）。選舉前幾乎沒什麼知名度，連我都沒聽過他的名字。」

「資料科學？所以是統計學的專家嗎？」

「可以這麼說，統計學是研究如何衡量社會現象的『量尺』。而資料科學則是運用這些量尺來解決社會問題的學問。」

「所以他的競選訴求，大概就是那種『我是能用數據資料改變社會的人，將運用數據資料來解決橫濱市的問題』的感覺，來凸顯自己的優勢吧？」

「一郎你真有概念，畢竟你做的是資訊相關工作，只要稍微給點提示，你就能正確『解碼』訊息。但對一般人來說，可沒那麼簡單啊！」

「『欸？資料科學？那是什麼東西啊？』大家的第一個反應應該會是這樣吧？」

「更何況他的對手全是各界的一時之選，眾星雲集，像他這樣既沒知名度又沒政治經驗的人，照理說根本沒人會願意聽他講話吧？」

「應該是『干擾』太多，導致他完全沒辦法吸引大家的『選擇性注意』吧？」

阿蔻微微點頭，接著默默地拍了拍手。

「所以，山中先生將自己身為『大學教授、資料科學專家』的賣點，重新詮釋包裝成『唯一的新冠肺炎專家』。當時他在醫學院擔任教授，也曾實際分析過新冠治療的效果，甚至公開發表過相關研究報告。」

「剛好那時候正值疫情最嚴重的時期呀，這樣一來，或許他就能有效避開其他『干擾』，成功吸引大家的『選擇性注意』了。」

「而且再搭配『醫學院教授』這個頭銜，還能巧妙運用『選擇性扭曲』進行宣傳。那時大家不都想著『這個人是醫生，應該對疫情比較有辦法』？雖然實際上，他根本不是醫生。」

「這招真的很厲害！而且，他並沒有改變自己塑造的專業形象，同樣是『透過數據資料解決社會問題的專家』，只是眼前最迫切的問題剛好是新冠疫情罷了。」

在政治這個面對數十萬、甚至數百萬選民的領域裡，想要傳達一則訊息，其實就跟大企業做廣告一樣，也得經過縝密的策略思考與包裝規劃。

難怪過去聽到政治人物討論數位化政策時，自己總覺得內容空泛又過時，說不定那些話原本就不是說給我們這些專業人士聽的，而是重新經過詮釋、包裝過後，專門對大眾發出的訊息。

「這樣說來，我覺得總公司那些高層主管，職位愈高，英文反而愈淺顯易懂，這應該也是因為他們底下的部屬動輒數十、數百人，為了讓訊息清楚傳遞，他們刻意事先進行『簡化』了吧？」

「沒錯。職位愈高，接收訊息者不僅變多，還會變得更多元，這樣一來，干擾也會相對增加，誤解或被忽略的風險自然就更高了。」

「說到這個，我發現不論是電視還是社群媒體上，大企業的老闆們好像很少會公開批評其他領導者，會不會是因為他們知道，這些言論根本不是說給自己聽的，而是經過設計、簡化並仔細包裝後，要講給群眾聽的吧？」

「這說不定真的有這種可能喔！這種事，看得懂的人自然就看得出來。其實我剛從總公司回來時，就明顯感覺到已經升上經理的桃太郎，他在公開場合的講話方式，和以前大不相同了。」

桃太郎的改變，還有能夠立刻察覺到這些變化的阿蔻，或許，在這相隔兩地、各自生活的三年裡，他們各自經歷了一次又一次的蛻變吧！

到目前為止，桃太郎的蛻變過程都是透過阿蔻有如現場實況轉播的描述，我才得以了解。但在這三年間，阿蔻也無法親眼見到桃太郎的轉變。想到這點，心裡竟然有些莫名的落寞。

「阿蔻，妳在美國的那三年，真的都沒跟桃太郎聯絡嗎？」

「完全沒有耶。」

「連傳個 LINE 訊息都沒有？」

「那時候還沒有 LINE，不過不管怎麼說，桃太郎那邊是一點消息都沒有，完全沒有聯絡。」

不過，仔細想想，當時的桃太郎，根本不知道阿蔻在美國過得有多辛苦。桃太郎所看到的阿蔻，應該是那個以經理之姿、閃爍著耀眼光芒飛向總公司、打造全新業務架構，甚至讓自己的名字登上國際舞台的阿蔻吧？

那麼，還留在日本孤軍奮戰的桃太郎，當他聽到阿蔻在國際舞台大放異彩的消息時，心裡又是有什麼樣的感受呢？

對現在的我來說，能在美國總公司當上經理，根本是遙不可及的存在。但當年桃太郎也和現在的我一樣，是個二十九歲的普通員工。阿蔻剛去美國的那一年，他應該也只是還在原地打拚的基層職員吧。

「等妳回來後，讓變得更強大的我，再重新向妳告白。」桃太郎對阿蔻說出這句話時，是什麼樣的表情呢？

「一郎，你怎麼了？突然那麼安靜。」

「啊……不好意思。」

「有什麼在意的事嗎？」

「呃……那個……阿蔻，下個六日妳有空嗎？」

「我星期天下午沒事喔！」

「要不要去横濱走走？上週沒全部逛完，我想這週再去走走。」

「好啊，去散步吧！」

雖然是因為內心小小的混亂，才突然冒出這樣倉促的邀約，但阿蔻的反應卻十分自然，像是我早已這樣約過她一百次一樣。

傳達

- 行銷溝通宏觀模型＝產生誤解的架構
- 編碼＝選擇性扭曲＋選擇性注意
- 透過分析干擾，預測可能出現的解碼
- 將收訊者的反應轉變為發訊者的改善行動，即是「回饋」
- 廣告展現的技巧=解碼的技巧

《行銷溝通宏觀模型》

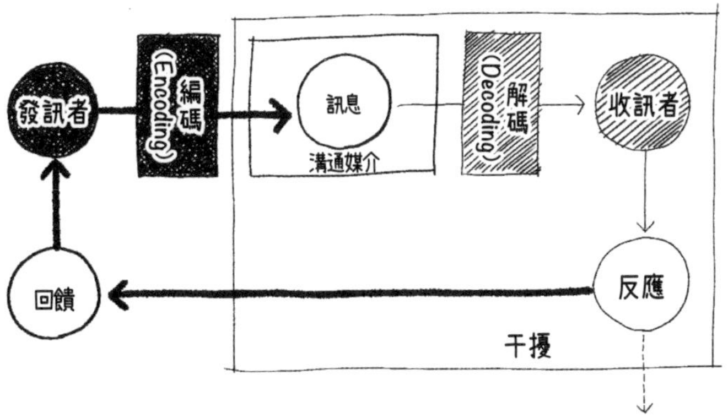

第六講

「市場行銷的全貌」

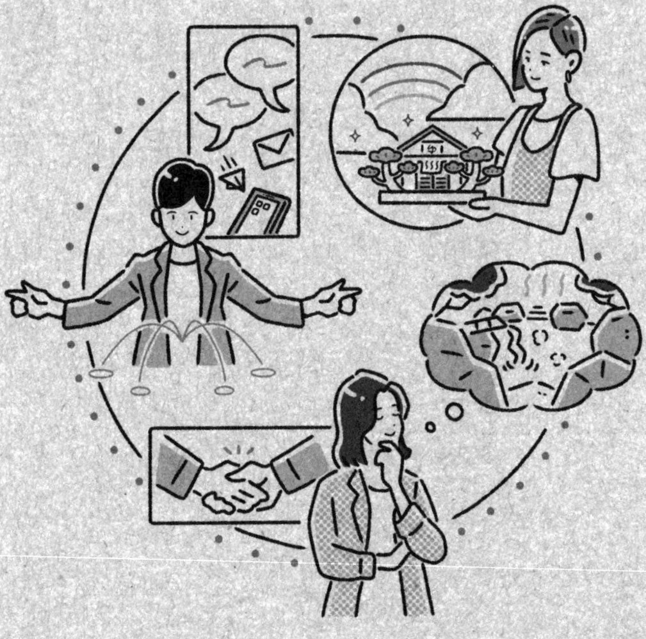

到橫濱散步那天，我和阿蔻約好中午十二點在「元町．中華街」車站靠元町那一邊的出口外碰面。

雖然我搭了較早的電車，但沒想到車站內的手扶梯超長，當我抵達約定地點的閘門時，也幾乎快要十二點了。

在我快步走向出口時，阿蔻已經站在那裡等了。

平時在公司裡，穿著偏向輕鬆休閒的阿蔻，假日裡的打扮則顯得格外亮眼，比平常多了幾分光彩。

因時間的關係，我們決定還是先去吃午餐吧！於是從車站裡直接搭著電扶梯上山，到山丘上的一間老字號洋食餐廳，那是阿蔻常去的店。

這間餐廳偶爾會借去拍電視劇或廣告，果然氣氛很好。從窗邊望出去，可以遠眺港未來一帶的街景，風景宛如明信片般的美麗。

這正是當初阿蔻從美國回來時，觸動思鄉情緒，讓她落淚的那片景色。

「妳剛從美國回來的時候，都在忙些什麼？」

「一開始被安排到營運策略部門，當個下面沒帶團隊的經理。」

「啊，那不就是跟桃太郎在同一個部門了嗎？」

在前往餐廳的路上，我們隨口聊著像是這附近變化不大呢之類的輕鬆話題，但畢竟能聊的共同話題其實不多。

最後，話題還是又繞回桃太郎身上。

「這樣，不是會有點尷尬嗎？」

「倒也不會啦。交往的時候，我們在工作上也是公私分明，工作歸工作，分得很清楚。」

「那他有跟妳說『歡迎回來』，或者問妳『在美國過得怎麼樣』嗎？」

「當著大家的面，倒是有說了一句：『喔！妳回來啦？』就這樣而已，其他倒是沒特別問什麼。不過，能夠和他正常說上話，對當時剛回來的我，已經算是不錯了。」

「怎麼說？難道還有沒辦法說話的時候嗎？」

「嗯，還滿長一段時間的。」

阿蔻一邊說，一邊用手中的叉子，輕輕戳著還沒動過的炸蝦頭。

阿蔻在美國的那三年，兩人完全沒有聯繫。我好像能稍微理解當時桃太郎的心情。就算阿蔻回來了，也不太可能馬上回到以前的關係，這點我也能了解。畢竟，那可是整整三年沒有聯絡的前女友。

但問題是為什麼後來見了面，連話都不說了？桃太郎那時到底是在想些什麼呢？

「桃太郎這樣也未免太過分了吧。」

「不過，問題其實不在桃太郎，而是在我這裡。」

問題出在阿蔻？這到底是怎麼回事？

難道是因為第三者？但仔細想想，那時候兩人早就分手，就算哪一方有了新對象也很正常，也不能算是劈腿吧？

「當時我們的主管是坂本先生。後來他升任首都圈的事業群總經理，而部門經理的位子就空了出來。」

「坂本先生啊，新人時期我跟過他。原來他是桃太郎前輩的直屬上司啊……但最後反而被桃太郎前輩超越了。坂本先生他該不會因為這樣才辭職的吧？」

「不是啦，桃太郎和坂本先生的關係一直很好，簡直就像是好搭檔一樣。後來兩人都同樣成了事業群總經理時，坂本先生甚至還是推薦桃太郎當社長的其中一人呢！」

「嗯……坂本先生，他確實是個很有度量的人。」

阿蔻稍微傾著頭，點點頭這麼說著。

「如果是在我還沒回來之前，桃太郎當上部門經理應該是十拿九穩的！我想桃太郎本人應該也一直這麼想的。不過，那時好像很多人都覺得，既然我已經回來，又是部門裡的經理，那這個位子自然就會由我來接任。」

「哇……這樣想的話，好像很合理耶。但坂本先生應該還是比較支持一路和他一起奮鬥過來的桃太郎吧？總不可能讓剛從龍宮回來、對部門狀況一知半解的『浦島太郎』阿蔻來接手。清楚掌握部門裡所有大小狀況的桃太郎前輩應該更能勝任吧？」

「這些幕後的事情，我這個當事人其實也不清楚。但……我隱約感覺得到坂本先生和我之間，總有股說不口的距離。」

——沒想到，這種情況竟然發生了。桃太郎與阿蔻就在這樣微妙的局勢下，重新碰了面。

一直以來，我都像旁觀者一樣，默默為桃太郎前輩努力升遷之路加油，聽著他的奮鬥故事。但現在，當他的競爭對手變成了阿蔻，事情可就不一樣了。

在這種情況下，我到底該支持哪一方才好呢？

「所以，這場『桃太郎』對『浦島太郎』的世紀之戰，最後是誰贏得勝利了呢？」

「是桃太郎不戰而勝。不過是我自己主動放棄了。」

「什麼——!?」

因為我太驚訝地大叫出聲，嚇得隔壁桌正玩著玩具的小女孩瞬間愣住。

阿蔻立刻笑著向她道歉，小女孩這才回過神來，露出燦爛的笑容，還朝阿蔻揮了揮手。

阿蔻苦笑著朝小女孩揮手回應。小女孩的父母也跟著笑了起來。

「當時，負責首都圈業務經營策略的事業群總經理元村先生來問我有沒有意願接任，但我在美國那幾年想了很多，也很清楚自己真正想做的事情，所以我直接請調到人資部。」

「人資!?啊，對對對，阿蔻妳之前有提過曾在人資部門待過一陣子！」

「元村先生本來就比較傾向讓桃太郎接任，畢竟他也是參考了坂本先生的意見。而另一方面，推薦我的人資部事業群總經理在聽到我想過去時，很興奮地說『妳想來人事部門？那太好了！』結果，這件事就這麼意外順利地拍板定案。雖然過程中發生了很多事，但最後，這應該算是個讓所有人都滿意的結局。」

這雖然是所有人都滿意的結果，但對桃太郎前輩來說，這真的是百分之百讓他開心的結局嗎？

「可是……桃太郎前輩不會覺得，阿蔻妳是為了他才放棄的嗎？」

「他大概就是這麼認為的吧？覺得我是在同情他，才主動退出，可能正因為這樣，他才會變得不願意再跟我說話。」

「不願意跟妳說話？是那種連跟他說話都不理睬的程度嗎？」

「應該說，他會刻意避開我吧？後來我調去人資後，辦公樓層也換了，工作上幾乎不會碰面，他根本不需要特別躲著我也不會再見到面……。」

「可是，阿蔻……妳當初真的不是同情他，才讓出位置的嗎？」

「當然不是啊。我是真的很想從事人資的工作。這是我在美國的時候，經過深思熟慮後所做出的決定。」

「是因為重新聽了博士的市場行銷課，才讓妳有這樣的想法嗎？」

「嗯，那堂課的內容確實對我影響很大。」

「那堂課……我有聽過嗎？」

「還沒有喔。」

吃完午餐走出餐廳時，「外國人墓地」附近的觀光人潮比剛剛明顯多了不少。

我忽然想起，以前也曾和前女友在這一帶散步。雖然最近休假時，我幾乎都窩在家裡，但仔細想想，我原本其實算是喜歡外出的類型……至少，還蠻喜歡散步的。

阿蔻也喜歡散步。於是我們決定從山手的山坡上一路往下走，穿過元町商店街，再經過山下公園與大棧橋，一起散步到港未來。

途中，我們還在日本大通的一間咖啡廳坐下來喝了杯茶，結果抵達港未來車站時，周圍的天色已經完全暗了下來。

反正最後我跟阿蔻都要回家，所以兩人就先回祐天寺車站。不過，又因為我們都覺得「還是待在棲之木最讓人放鬆」，所以才隔短短三天，兩人又再次與佐佐木先生見了面。

之後，我向佐佐木先生借了iPad，開始聽博士的市場行銷課程。
也就是那場讓阿蔻人生產生重大改變的講座。

這次，我想先在這裡整理一次市場行銷的整體概念，接下來再談談「品牌宗旨」（Purpose）這個主題。

顧客無法憑直覺辨識「價值」，因此需分析後再下定義

要全面理解市場行銷的全貌，「價值」是其中最重要的關鍵字。

所以，讓我們先從「價值」的觀點出發，重新整理到目前為止談過的內容。

如果從價值的角度來看「差異化」與「品質」這兩個概念，其實都可以簡化為同一個問題：「我們能為顧客創造什麼價值？」

像是差異化策略，基本作法是先確保「同質性要素」到位，然後再加上「差異化要素」。這樣的作法，其實就是在創造一種「價值的差異」，讓顧客感受到與他牌不同的價值點。

至於「必要型品質」與「魅力型品質」這樣的品質分類，也是在深入探討一個問題：顧客會在哪些部分真正感受到價值？」

不論是哪種情境，關鍵始終都在於「對顧客而言是否具有價值」。

舉個例子來說，像溫泉會館這類的泡湯設施，「整潔乾淨」在狩野模型中屬於「必要型品質要素」。

但仔細想想，要維持大型溫泉設施的整潔，其實需要耗費相當可觀的成本與時間，對經營者而言，這本來應該是件具有很高價值的事情。

不過，若從「顧客的價值觀」來看，這卻是件理所當然的事。整潔乾淨是基本要求，只有當不夠乾淨時，才會被視為負面因素，也就是所謂的「必要型品質要素」。

像這樣的情況，經營者如果只站在自己的立場思考，就很難掌握顧客在泡湯體驗中，究竟在哪些點上會覺得「這間店有價值」。

但問題是就連顧客自己，其實也未必能清楚說出他們在意什麼。

所以，單靠問卷調查或訪談，並不一定能得到真正有意義的答案。

畢竟，阿蔻，妳去妳最喜歡的那家溫泉會館時，應該也不會邊泡湯邊思考：「嗯，這間店對我來說的價值是……」吧？大多時候，都是自然而然地就沉浸其中吧？

顧客根本不需要特地去分析或定義價值——這完全是理所當然的事。

也正因如此，溫泉會館的經營者才需要借助各種行銷分析工具與模型，徹底找出對顧客來說，到底什麼才是真正有價值的體驗？

一旦釐清了顧客重視的關鍵價值後，下一步就必須重新加以「定義」。

畢竟，要設計和經營一間溫泉會館，不是一個人能完成的事。

必須透過一整個團隊合作，有人負責室內設計、有人規劃服務內容，還有人實際提供服務，才能共同「創造價值」。

如果每個人都依照自己認為的價值隨意發揮，最後呈現出來的結果，就會像是一群小朋友熱熱鬧鬧一起裝飾出來的蛋糕一樣。

這種蛋糕在聖誕派對上看起來或許很可愛，但如果真的陳列在蛋糕店裡販售，顧客看到後恐怕只會想「這到底是什麼？」

這就是為什麼我們必須先定義「價值」。

它就像是大家一起製作蛋糕時的「設計圖」。

如果顧客不知道創造出的價值，那就毫無意義

在我們前面討論到「如何讓品牌脫穎而出」以及「行銷溝通」時，提過一個關鍵問題：當我們成功定義並創造出有意義的價值後，下一步該做的事，是要怎麼向顧客表達、讓顧客知道品牌的價值？這就是「價值的傳達」。

即使我們已經站在顧客的角度思考，精心設計出符合顧客需求的價值，但如果顧客根本不知道你創造了這個價值，對他們來說，它就等於「不存在」。

更何況，這不是企業單方面認定的價值，而是從「顧客的觀點出發所定義出來的價值」。所以如

果顧客沒有意識到它的存在，那麼它對任何人來說都沒有實際意義。

但最棘手的是「傳達價值」這件事，並不是只要讓顧客知道你這個品牌存在就好。

還記得我們曾經談過「凸顯性」與「領導者效應」嗎？就是「說到漢堡，就會想到麥當勞」、「提到可樂，就會立刻想到可口可樂」。品牌必須在與自己相關的關鍵字之間，逐步在顧客的印象裡建立起這樣的連結，不只是讓顧客「知道」品牌的存在，更要讓他們在關鍵時刻能「想起來」。

而要營造出這樣的狀態，以廣告進行行銷溝通是不可或缺的方式。但我們也知道在整個傳遞過程中，總是會發生「干擾」，導致我們的訊息會被顧客以預期之外的方式「解碼」。這也是行銷傳播中最難掌握、卻又必須面對的部分。

「自己認為的價值」不一定等於「顧客的價值」

「定義價值」，然後再依照這個定義去「創造價值」，最後再把這個價值「傳達」出去。

這三個階段，就是市場行銷的整體基本架構。

讓我們來思考一個能貫穿整個流程的具體案例，加深理解。

假設我們三個人要在中目黑開設一家全新的都市型溫泉養生會館，我們就運用這個架構，從零開始擬定一套完整的行銷計畫。

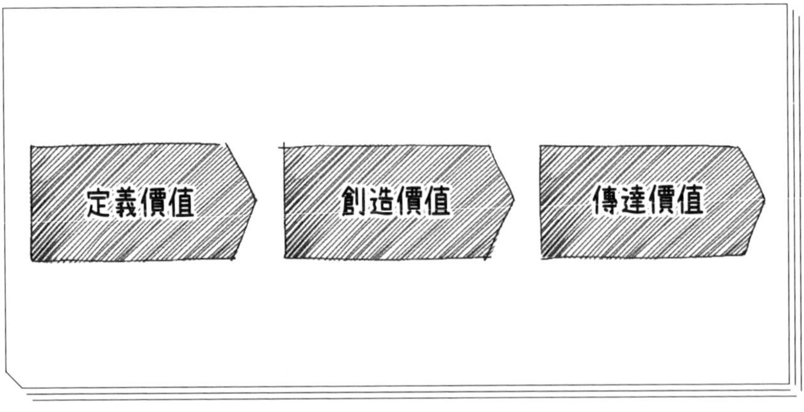

首先，從「定義價值」開始。「對顧客來說的價值是什麼？」這是在著手「創造價值」之前，必須先仔細思考的問題，並且要用具體明確的語言表達出來，使其成為所有人的共識。

還記得之前我們討論過「要研發桃太郎品牌的運動飲料」時，第一步就是設定參考框架嗎？這次我們也先來建立一個適合的參考框架吧！

例如，麥當勞「快速供餐」的這項價值，對顧客來說，是它作為「速食店」應具備的價值。所以在定義價值的階段，我們需要明確設定「作為什麼類型的〇〇」，這時參考框架就會發揮作用。

那麼，在這個案例中，我們可以設定參考框架為「都市型的大型溫泉養生會館」，可以將位於水道橋的東京巨蛋城「Spa LaQua」這類設施，設定為主要競爭對手。

現在，來具體討論我們要提供的價值吧！這裡，我有個提議。

其實，我自己是個超級喜歡桑拿的鐵粉，所以，這次要不要按照我的個人喜好來規劃看看呢？

嗯！比方說我們可以開一間整天播放滾石樂團（The Rolling Stones）歌曲與現場演唱會直播影片的「Hot Stuff」桑拿，怎麼樣?當然，不會只放〈火熱事物〉（Hot Stuff）這首歌，其他歌曲也都會播！

不行嗎？可惜了。

看來，我所認為的價值，和你們兩位所認為的價值，似乎頻率有些微妙的不同。就像收音機的頻道，只要頻率稍微沒調好，聲音就會變得嘈雜不清。價值也是同樣的道理，如果沒有精準對上對方的頻率，就無法真正傳達。

其實，我本來就很喜歡滾石樂團。不過，他們的音樂本質上是基於自己的喜好來創作和演奏。只是「剛好」與我的價值頻率契合，然後也「剛好」與世界各地的搖滾樂迷對上了頻率，於是他們才成為了全球知名的樂團。

這種「價值頻率天生與同時代中的大眾互相契合」的狀態，人們通常會稱之為「品味」（sense）。

事實上，在商場中也有不少人是憑藉這種藝術家的品味經營事業，並且取得了成功。社會上所謂的「成功人士」當中，這類人或許還占了大多數。

這樣當然很了不起，不過，卻與市場行銷的思維方式不同。

市場行銷的基本立場，是先假設「自己與顧客的價值頻率不見得會完全相符」，然後盡全力調整，使雙方頻率契合。

這麼說的話，可能會有人開始懷疑：「那麼，行銷是不是就不需要創造力了？」

但事實上，行銷仍然需要創造力，而且還非常重視。

只不過，行銷人員所需要的創造力，並非「藝術家」那種表現自我的創造力，而是身為一位「藝人」（Entertainer），能讓對方感到開心愉悅的創造力。

英文的「entertain」是「款待對方、讓對方感到愉悅」的意思。所以，在英文中，「接待」這個詞有時也會用「entertainment」來表達。

說到「諧星」，會讓人馬上聯想到搞笑藝人吧？而這些搞笑藝人會在劇場中磨練自己的表演技巧。他們利用觀眾的反應，進行市場調查，透過一次次的嘗試來「調整」自己搞笑的價值頻率。

在這樣的調整過程中，他們同時也會磨練出自己的個人風格。因為觀眾會從眾多諧星中，挑選出「特定的某人」，並根據這個人追求的幽默特質來調整自己的喜好。

在深入了解對方、取悅對方的過程中，也能讓自己的特質更加鮮明。其實，搞笑藝人的表演方式和市場行銷有許多相似之處，兩者在本質上都是「取悅眾人」。

因此，我們在這裡也要充分扮演「諧星」的角色。

先把個人喜好暫時擺放在一旁，試著專心思考「能讓顧客感到開心愉悦」的溫泉養生會館應該具備哪些價值。

在這個過程中，之前介紹過的思考架構將派上用場。

現在，讓我們依照「同質化要素」與「差異化要素」，並結合狩野模型的五種品質要素，來定義這座溫泉養生會館的核心價值。

這類思考架構的好處，就是能強制性的讓我們的思維從「賣方視角」切換到「買方視角」，因此格外方便實用。

通常，這樣的規劃會隨著市場調查同步進行，但目前只能依靠我們的想像力來設計。

以下是我的構想，你們看看如何？

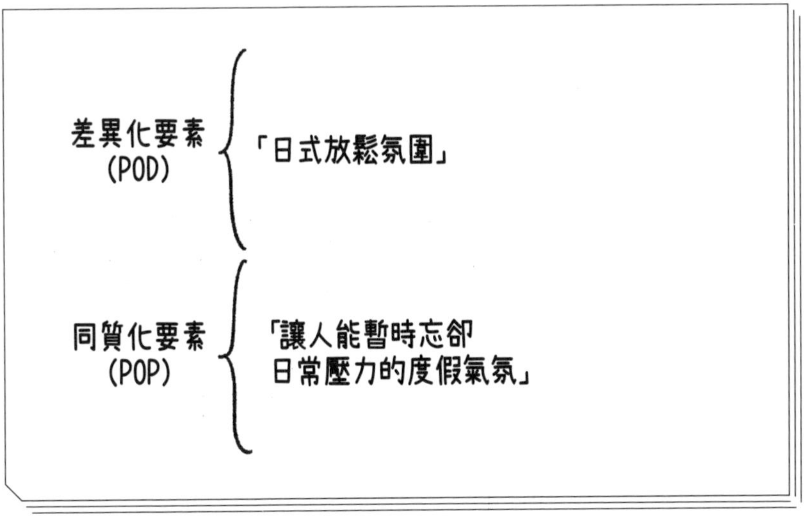
差異化要素
(POD)
「日式放鬆氛圍」
同質化要素
(POP)
「讓人能暫時忘卻
日常壓力的度假氣氛」

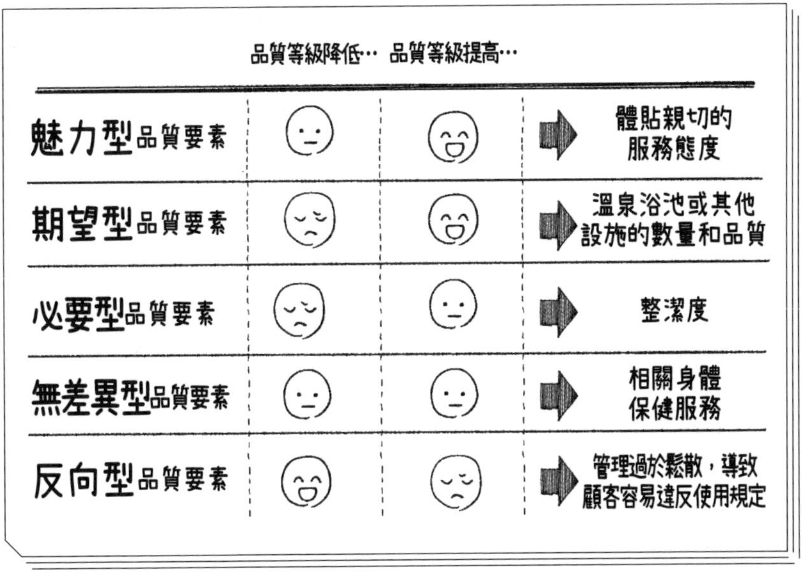
品質等級降低…
品質等級提高…
魅力型品質要素
體貼親切的
服務態度
期望型品質要素
溫泉浴池或其他
設施的數量和品質
必要型品質要素
整潔度
無差異型品質要素
相關身體
保健服務
反向型品質要素
管理過於鬆散，導致
顧客容易違反使用規定

即使以顧客需求定義價值，但未能具體落實於商品與服務，並有效傳達，也無法真正滿足顧客

一旦如前所述的「定義價值」後，下一步便是將這些概念具體落實到商品與服務之中，也就是「創造價值」的階段。

首先，為了營造同質化要素中定義的「度假氣氛」，我們將設計出高級餐廳、舒適的休憩空間，以及露天溫泉等設施。

由於這些設施的數量和品質屬於「期望型品質要素」，因此我們需要仔細研究競爭對手的狀態，確保設施不遜於競爭對手、並維持在一定的水準之上。

接著，為了塑造差異化要素中的「日式放鬆氛圍」，我們將在內部裝潢與員工制服中融入和風的設計元素。

此外，服務客人的模式也會與五星級飯店的冷靜專業風格有所不同，而是更接近老字號的日式溫泉旅館，帶點貼心和濃厚的人情味，即使有時會讓人覺得有些囉嗦，顧客依然能從中感受到溫暖的

用心。

由於這屬於「魅力型品質要素」，應不受限於競爭對手的作法，而是要能發揮創意，研發設計待客的標準流程、員工招募方針，以及訓練進修的課程安排，確保服務能夠真正展現我們的特色。

最後一步，就是「傳達價值」。

即使前面的所有準備都已經十分完美，如果連最重要的顧客都完全不知道我們的存在，最後仍然無法讓價值傳遞出去，那麼這樣也就沒有任何意義。

更棘手的是，價值的傳遞並不只是讓顧客知道這麼簡單。

我們需要確保當顧客想到「SPA」、「三溫暖」、「溫泉」或「女性聚會」等關鍵字時，腦海中第一個浮現的就是我們的溫泉養生會館。為了實現這一點，廣告溝通策略的規劃至關重要。

此外，在制定策略時，還必須謹慎考慮「干擾」與「解碼」。

舉例來說，譬如廣告公司通常會在專門針對行銷人員的市場行銷雜誌上刊登數位廣告，標榜著「今天就能出發的溫泉」。

廣告正好能夠在顧客「想逃離現實」的上班時間被看到，而這種與其他廣告之間造成的微妙落差，反而能成功吸引顧客的「選擇性注意」。

再加上行銷業界人士比一般人更常使用社群媒體，若內容引起他們的興趣，甚至有機會能主動幫忙分享。

話說回來，今天聊得有點太久了呢！

其實，我真正想談的重點，才正要開始，但還是留到下次吧！

稍微透露一點，目前為止的討論裡，並沒有包含「個人的意念」。也就是我想做什麼？我希望成為什麼樣的人？這類個人的價值判斷或期待。

還有一個問題其實也還沒真正解決。誰才是我們的顧客？我們應該面對的是誰？

結合以上兩者的思考方式，即是下一次想要聊的「目標」。

當時，我正努力消化這些比平時更需要仔細咀嚼的內容，故意用手托著下巴，裝出一副正在沉思的樣子。而阿蔻則暫時靜靜地操作著 iPad，沒有打擾我。

突然間變得寂靜的洞窟裡，店裡的背景音樂像蒸騰的熱氣般悄然飄了進來。

就在這時，原本靠在吧台、完全不管店裡的事、專心滑著手機的佐佐木先生，突然大聲爆笑起來。我們兩個忍不住從洞窟探頭看向吧台，只見佐佐木先生用一種「聽完講義啦？」的表情看了看我們，並點了點頭。

身為店老闆，本來應該負責招待客人，結果自己卻被某個不知名的內容逗得呵呵大笑？或許是因為這樣的念頭閃過腦海，阿蔻也忍不住笑了起來，甚至笑到站不起身、久久無法平復。

「哈哈，佐佐木先生也太好笑了。」

「是不是也該讓佐佐木先生來聽聽這堂課啊？」

「佐佐木他啊，那也是一種表演的風格嘛！剛不是說了嗎？每個藝人都有自己的風格。」

「這麼說來，博士的溫泉養生會館選擇全心全意做個取悅滿足顧客的娛樂者，結果風格變得跟Spa LaQua完全不同，這點真的很有趣呢！」

就像滾石樂團那樣，不是每個人都天生擁有符合時尚潮流的品味、只憑「堅持自己的喜好」就能大受歡迎，但至少我們可以選擇調整自己來配合「某人的喜好」，進而成為別人真正需要的人。

而且，當我們努力成為讓別人開心的「娛樂者」時，往往也會在這個過程中，反過來讓某個人發現自己的獨特之處。

這麼一想，過去一直為自己「沒有特色」而煩惱不已的我，彷彿藥效正開始發揮作用，心情一下子輕鬆了許多。

「說到這裡，我突然覺得市場行銷已經不只是行銷，根本就像是一種哲學，甚至是一種『人生觀』了。」

「是一種為了讓某個人開心而活的生存方式。」

「當然，也有一種人生觀是為了表現自己而活，但這兩者並沒有誰對誰錯之分。只是，為了讓某個人開心的活著，這不就是最能展現阿蔻個性的方式嗎？」

「這堂課讓我最有共鳴的部分，正是這一點。所以我才會在美國時又重新聽了一遍，也因此成了我職涯的轉捩點。」

「那麼，桃太郎先生是像個藝術家，喜歡表達自我的類型嗎？」

「一開始他應該是這麼想的吧！但後來發現，實行這種生存方式後，情況完全與自己想像的不同。然後在他跌到人生谷底的同時，遇見了博士的想法，決定稍微調整一下自己的作法，結果才開始順利起來。」

「確實是這樣！仔細想想，與其說桃太郎先生是『藝術家』，還不如說他更像一位『表演藝人』。像他在全體員工大會演講時，和其他主管比起來，他的話總是格外容易理解，給人一種真正站在我們立場思考的感覺。」

「為了讓某個人開心而活，與自己站在鎂光燈下，成為眾人矚目的焦點，這兩者生活方式並不衝突。畢竟，有很多種方式能讓別人開心。有些人像桃太郎那樣選擇站在台前，有些人則像我一樣，選擇隱身幕後默默協助。」

講到這裡，我突然想起一件事。這場「行銷問答」，其實在我第一次來到「棲之木」的時候，阿蔻就已經教過我了。

當時，博士的哲學理念只是停留在我心頭的一個小小疑問，沒想到，如今它早已悄悄穿過層層心牆，深深融入了我的內心。

「不過，博士還真是個有謀略的人呢！表面上看起來很隨性不刻意，但現在回想起來，他其實早就精心規劃了一整套課程了吧？」

「他到底思考規劃得多細緻，我也不太確定啦。不過，像這樣改變別人的職涯，甚至人生，或許就是博士的天職吧。」

「如果真的是這樣，那讓他當市場行銷老師豈不是太可惜了？他應該像阿蔻一樣轉去人資領域，這樣才有更多人接觸到他的想法啊。我也好想能親自聽他講課啊。」

「其實他在政經大學教的不是行銷，而是『職涯論』喔！現在還是職涯學院的院長。」

我想起自己第一次來這裡時，阿蔻打開政經大學的官網，指著博士的照片給我看。

那像個少年般，帶點靦腆、質樸的笑容，早已深深烙印在我腦海裡，甚至不用閉上眼睛都能清楚浮現。

當時的我，完全無法想像阿蔻和桃太郎先生的職涯經歷。現在的我，彷彿站在博士帶領我前來的高處，終於能清楚回望他們一路走來的痕跡。

至於最後那些仍隱約籠罩的迷霧，我相信，在下一次關於「目標」的課堂中，一定能徹底將它們吹散。

市場行銷的整體概念

- 顧客無法憑直覺辨識「價值」，因此需分析後再下定義
- 如果顧客不知道創造出的價值，那就毫無意義
- 「自己認為的價值」不一定等於「顧客的價值」
- 即使以顧客需求定義價值，但未能具體落實於商品與服務，並有效傳達，也無法真正滿足顧客

第七講

目標

就在我第一次參加實戰對練，左眼周圍被打出一大片瘀青時，夜晚的東京已悄悄迎來了春天。我和阿蔻走出健身房，輕拂臉頰的晚風彷彿在告訴我們，冬天已經遠離。

雖然戴著頭部護具和拳擊手套，但這還是我人生中第一次真正與人「互毆」。但讓我有些驚訝的是，自己竟然沒有太緊張，還能按照平時訓練的節奏順利打出拳法的組合。

練習對手是一位年紀比我大的男性石塚先生，他也是這間拳館的資深學員之一，和阿蔻也有不錯的交情。

遠遠看去，他就像個普通的「周末老爸」，但靠近觀察，手腕上戴著佛珠似的運動護腕、脖子上戴著金項鍊，整個人散發出一股震懾全場的奇妙威嚴，不由得讓我聯想起棒球隊裡那些讓人敬畏的學長，因此我一直有點下意識地想避開他。

但實際對練完後，聊了幾句後，我才發現，他其實只是個豪爽的大哥，還不斷誇讚我很有天分。他在這附近經營著兩家雞肉串燒店，為此還特地跑回更衣室拿名片給我，說：「下次跟阿蔻一起來吃吧！」

「阿蔻，妳有去過石塚先生的店嗎？今天我對練的對手就是他。」

「我本來就是他店裡的常客，後來因為石塚先生的推薦，才加入這間拳館的。現在他的店超級有人氣，根本訂不到位置……不過，如果是『Hanare』分店的話，只要聯絡石塚先生，他可以幫我們安排他自己負責管理的二樓包廂。」

「咦？原來是那麼厲害的店啊！那家店叫『鳥甚』對吧？」

「以前的雷社長很喜歡這家店，還常常帶著桃太郎、來訪的客人，還有我一起去了好幾次。不過，雷總是記不住『鳥甚』這個店名，記得他每次都直接叫『Whole Part of Chicken』因為那是一家可以品嚐到雞肉所有部位的店。」

這麼說來，石塚先生給我的名片，其實很像是某種貴賓通行證？如果能靠這層關係，訂到這間超人氣店餐廳的包廂，應該能在約會時大大加分。不過，前陣子我已經取消了交友軟體的訂閱。最近這段時間，我想先認真專注在工作和踢拳上，好好鍛鍊自己。

「一郎！你最近走路的速度好像變快了呢。愈來愈像桃太郎了喔！」

「桃太郎先生走路很快嗎？」

「桃太郎是超級急性子啊！吃飯的速度就像在看影片的兩倍速播放一樣。」

每次聊到桃太郎先生的日常瑣事時，阿蔻總是笑得特別開心。

因為我們的對話暫時停了下來，我不經意地回頭看了阿蔻一眼，然後才發現以前的我，或許一直是走在阿蔻的身旁吧？如同「察言觀色」這個詞字面上的樣子。

但現在我的步伐加快了，我也才發現阿蔻的步伐也隨之有了些微的改變。像是在輕輕跳躍，陶醉在自己的步伐中。

「你上週說，桃太郎先生和浦島太郎先生正處於『冷戰狀態』，那他們是什麼時候破冰的呢？」

「大概是三十七歲的時候吧，所以算起來，冷戰持續了大概兩年左右。話說回來，你怎麼會知道『冷戰』這個詞啊？這可是我們小時候的事情耶。」

「世界歷史課有教過。」

「不過，其實我跟桃太郎也並不是在爭什麼，當時真正在冷戰的，反而是桃太郎跟柳先生呢！」

「柳先生？你是說業務策略部門的事業群總經理嗎？他以前也是我的上司耶！」

「當時柳先生剛從其他大地區的事業群總經理調到首都圈，接任首都圈總經理的職位，而桃太郎則是從業務策略經理升上大地區的事業群總經理。公司裡盛傳著他們兩個人在經營管理會議上經常針鋒相對。而且，柳先生可是桃太郎剛進公司時的直屬上司，再加上同時也是桃太郎新職位的前任主管，這層關係還真是微妙。」

「咦？這麼說來，當年把桃太郎先生發配邊疆的那位上司，就是柳先生吧？」

「柳先生應該是有他的考量啦。不過，桃太郎最後還是被提拔起來了，所以他心裡應該還是有些感激。但和坂本先生不同，桃太郎和柳先生之間，總是保持著一種微妙的距離感。」

因為第一次實戰對練的興奮，加上春天來訪的氣息，讓我們兩人的步伐輕快了許多，比平時更早抵達「棲之木」。

但這裡依舊冷冷清清，沒什麼客人，佐佐木先生也照舊一臉懶洋洋地在吧檯後晃來晃去。感覺就算明天是世界末日降臨，他也會照常開著這家門可羅雀的店，繼續坐在吧檯邊滑著手機吧？

如果宣告世界末日的新聞真的在X平台上發了出來，佐佐木先生看了之後，大概還是會裝作若無其事的樣子，但內心一定也會有那麼一絲絲寂寞吧？

「所以，最後『桃太郎』跟『浦島太郎』到底是怎麼和好的啊？」

「是因為想慶祝博士的升遷啦！那一年博士升任政經大學的職涯學院院長，我就覺得應該幫他慶祝一下。畢竟我人在美國的時候，他就離職了，結果連送別會都沒辦法辦。」

「所以你們三個人的聚會，算是『自然消失』了？」

「像博士的送別會啊、行銷課程結束後的聚餐啊、還有慶祝桃太郎的升遷啊……其實原本我們三個有很多機會可以聚在一起的。但都是因為我去了美國不在這裡，所以全都錯過了，總覺得應該要補償一下。」

「這也不能說是阿蔻的錯吧？嚴格來說，應該是桃太郎先生的問題吧？」

「不管怎麼說，時間也過了兩年，大家其實也忘了當初吵架的原因是什麼了吧？所以我就試著用公司的信箱聯絡桃太郎，結果他超興奮地回我一句：『我要去！』所以我們三個人在隔了八年之後，終於又再次見面了。」

「要是當時有錄音，就算要課金，我也想買來聽啊！」

「一開始還是有點尷尬啦，但三個人聊著聊著，很快就回到以前的感覺了。桃太郎跟我都有錄下當時課程的內容，結果博士反而是記憶最模糊的人，真是笑死我們了。」

「好希望當時我也能在現場啊！怎麼感覺就只有我被排除在外？」

「當時我才覺得自己是被排除在外的人呢！畢竟他們兩個都已經升遷到很高的職位了。」

「但阿蔻妳不是也在人資部門過得很開心嗎？話說回來，當初妳是怎麼決定要轉去人資的？」

阿蔻沒有立刻回答我的問題，只是微微點了點頭，然後從托特包裡拿出 MacBook。

「我們三個人當時討論了『哪一堂課是最棒的一堂？』結果，桃太郎跟我的答案一模一樣。如果當初沒有聽那堂課，我應該也不會決定轉去人資，更不會像現在這樣，和一郎你講話了。」

這次，換我靜靜點了點頭。

上次我們講的是「市場行銷的全貌」吧？

就是這個吧。

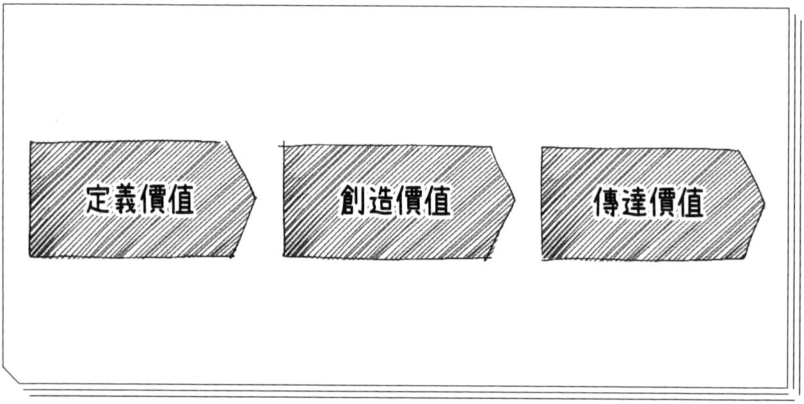
定義價值
創造價值
傳達價值

接下來，我們要加入「個人意念」這個要素，並進一步思考究竟是誰，才是我們傳遞價值的對象？換句話說，誰才是我們的顧客？今天我們也會試著找出這個問題的答案。其實，這就是所謂的「受眾範圍」。

我先在白板上畫出整體概念，就像下圖那樣的感覺。現在聽不太懂也沒有關係。

關鍵在於「目標」本身會給出這個答案。

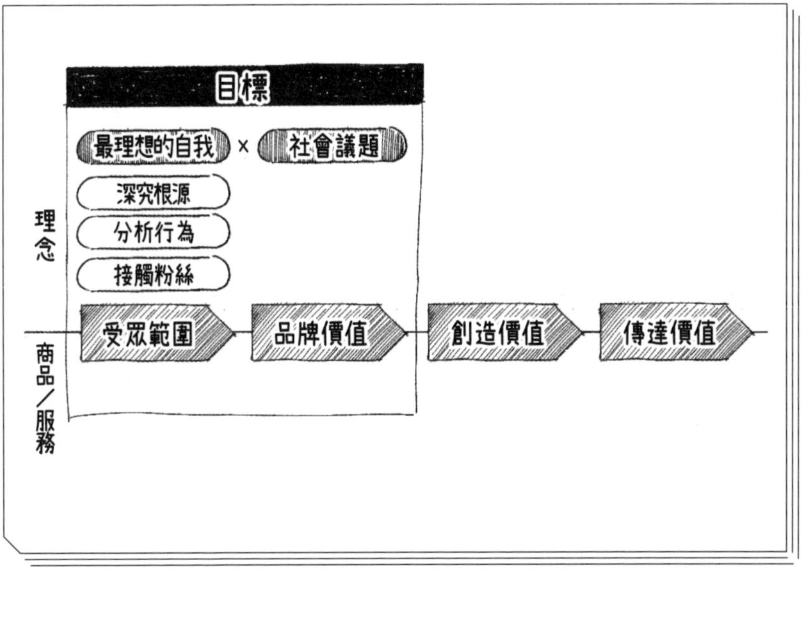

如果品牌的目標沒有魅力，那就失去了存在的理由

所謂「品牌的目標」，簡單來說，就是這個品牌存在的理由。

也就是要問「這個品牌存在的理由是什麼？」

在這堂課裡，只要能夠回答「這個品牌為什麼會存在？」這個問題的內容，我們都統稱為『品牌目標』。

至於你習慣稱它為『品牌願景』或『品牌使命』，都可以自行替換沒有關係。

舉個例子來說，「Dove」這個品牌的目標是「希望所有女性都能夠正面積極的看待自己的美。聯合利華（Unilever）在其全球網站上，稱這個目標為「品牌使命」。這裡所說的「女性」，也包括自我認同為女性的人，以及性別認同尚不明確的人。

根據多芬（Dove）美國官網的數據，在一項全球調查中顯示，只有四%的女性認為自己很美。

此外，十個女孩當中，有六個曾因為對自己的外貌缺乏自信，而放棄嘗試某些事情。這項調查數據來自於重視個人自尊的美國。如果換成更講求社會和諧的亞洲或日本，對自己缺乏自信的女孩比例可能會更高。

「多芬」的品牌目標，就是希望改變這樣的社會現象，讓女性能夠充滿自信地相信「我很美」。至於這該被稱為品牌存在的「目標」、品牌「使命」，還是品牌「願景」，剛剛也曾提過，這個問題今天就先暫時放在一旁。

我更想討論的問題是，此一「存在的理由」是否具有吸引力？

「多芬」這個品牌的目標，非常具有吸引力吧？

我雖然在性別認同與生理性別上都是男性，但我的生命中有許多重要的女性，像我的祖母、母親、妻子和女兒。因此，我非常認同這個品牌的目標。

如果我能為她們做些什麼，我一定會盡我所能。

該公司在日本一直與ＡＢＫ合作，因此我在博通工作期間，從未負責過多芬的廣告。不過，如果當時有機會負責這個品牌，我肯定會比平時更加全力以赴吧！

當然，對這個品牌理念產生共鳴的顧客，也更可能會選擇多芬的產品。

雖然不一定會變成只買「多芬」的狂熱粉絲，但當消費者在同樣價格、同樣功能的競爭品牌之間猶豫不決時，選擇多芬的機率，無疑會大幅提高。

我認為，無論是品牌存在的目標、使命，還是願景，如果無法產生這樣的吸引力，那麼它們也就沒有存在的價值。

如果只是掛上一個似曾相識、隨意拼湊出來的品牌理念，無法真正打動消費者，那它就沒有存在的價值。

那麼所謂的品牌目標便徒有其名，成為一個空洞的名詞。

引人注目的品牌目標，正是「最理想的自我」與「社會議題」的交會點

到這裡為止，你們應該都理解了吧？那麼，接下來的問題是要如何才能構思出一個真正具有存在意義，且足以打動人心的品牌目標呢？

美國廣告公司奧美（Ogilvy）將這個品牌存在的意義稱為「大理念」（Big Ideal）。又出現了一個新名詞呢！

Ideal 指的是「理想」或「理念」。

而之所以會加上「Big」，可能是對該公司創辦人大衛．奧格威（David Ogilvy）提出的「大創意」（Big Idea）構想致敬吧？

奧格威先生曾在他的著作《奧格威談廣告》（*Ogilvy on Advertising*）中，談到有關「大創意」的部分。

> 要吸引消費者目光，讓他們願意購買產品，「大創意」是不可或缺的關鍵。沒有「大創意」的廣告，就像夜裡航行的船隻，悄悄從人們眼前經過，沒有任何人會注意到它的存在。

簡單來說，「大創意」指的是一種吸引目光、無法讓人忽視的嶄新想法。

將這個概念延伸到「大理念」的話，我們可以說，它並不只是單純的將理念與 Ideal 畫上等號，而是需要一個能夠真正「吸引人心」的願景。

換句話說，如果一個品牌的目標只是東拼西湊、聽起來冠冕堂皇的，那麼它就算符合「理念」的定義，也無法稱之為「大理念」。

那麼，究竟要如何讓一個普通的「理念」昇華為「大理念」呢？

根據該公司主管柯林．米歇爾（Colin Mitchell）與約翰．蕭（John Shaw）的說法，關鍵在於找到「最理想的自我」與「社會議題」的交集。

這裡所說的「社會議題」，指的是社會或文化在發展過程中，不可避免會產生的衝突與矛盾。最極端的例子即是眾多紛爭與歧視。

無論是《羅密歐與茱麗葉》還是《悲慘世界》，這些讓無數人產生共鳴的悲劇故事，其衝突的本質往往來自社會本身的矛盾與扭曲。

「社會議題」就是在這些扭曲的社會與矛盾中，所衍生出的現實問題。

從種族歧視這類嚴重的人道危機，到機場海關安全檢查隊伍過長，帶來的不便與焦躁，這些大大小小的問題都是社會結構不均所造成的結果。

因此，要解決各種社會問題，正是必須幫助人們減輕煩惱與痛苦。

也正因如此，能夠真正「解決社會議題」的理念，才稱得上是「吸引人心的理念」，這也是其必須滿足的第一個關鍵條件。

至於第二個條件「最理想的自我」，則是指該品牌的理想形象。暫時不去考慮當下品牌的現狀，而是去想像描繪什麼是最完美的理想狀態？嘗試描繪出那樣的夢想藍圖。

有三個方式可以思考這個問題。

第一種方式是深入探討品牌的起源與歷史。

創立這個品牌或企業的人，或許當初就曾經明確描繪出崇高的理想樣貌。然而，隨著歲月的進展，創辦人將事業交接給下一代，然後下一代又繼續傳承給下下代，在一代代的傳承之中，創辦時的願景往往逐漸被遺忘。但事實上，品牌形象中「最理想的自己」，往往早已存在創辦人內心的藍圖之中。這種情況，在擁有悠久歷史的品牌中並不罕見。

第二個方式是回顧此一品牌現在所做的事，和從品牌成立至今的所有作為中進行「蒸餾」提煉。將品牌目前正在做的事，和過去一直以來所做的事，不斷精煉與濃縮，最後便能萃取出「品牌的本質」，發現「結果原來是這樣」。

舉例來說，日本的瑞可利（Recruit）從事多種業務，涵蓋人力仲介、求職網站、美容院與餐廳的預約平台、婚禮會場的媒合等等。

該企業那句一語道破品牌核心的標語「創造尚未存在的相遇」（まだ、ここにない、出会い。），正是從眾多業務中一再進行詳盡解析，蒸餾萃取出的品牌精華。

第三個方式是直接接觸品牌的粉絲群，親自向他們請教。

美國知名啤酒品牌「Miller Lite」淡拉格啤酒，於上市初期，在印第安納州的安德森（Anderson）這座城市，有著超乎尋常的銷售表現。

當時的安德森是一座工業城市，但標榜「減重效果」並以運動女性為主視覺的淡啤酒，卻意外受到當地工廠工人的熱烈歡迎。

負責品牌行銷的人百思不得其解，於是派人潛入當地酒吧進行實地觀察，結果發現工廠工人們選擇Miller Lite，並不是因為它的「低熱量」，而是因為這款啤酒「不容易讓人產生飽足感」，能夠喝得更多、更盡興。

也正是這場市場調查，讓品牌重新認識並發現自己的價值，進而塑造出Miller Lite「創造歡樂時光」的品牌理念。

由此可見，品牌對於「最理想的自己」的認知，有時候甚至連自己都尚未察覺。而唯有當「社會議題」與「最理想的自己」這兩者產生交集時，真正能夠吸引人心的理念才會隨之誕生。

讓我們從這個觀點，再次解析剛才提到的多芬品牌宗旨。

「女性普遍缺乏自尊」這一問題，無疑是由社會扭曲與偏見所引發的「社會議題」。

那麼，多芬追求的「最理想的自我」是什麼呢？

多芬誕生於一九五七年的美國。讓此品牌一舉成名的關鍵商品，是一款名為「美肌潔膚皂」的固體香皂。這款產品顛覆了市場對「固體肥皂」的傳統認知，它不再只是單純用於去除汙垢的「清潔用品」，而是能夠滋潤肌膚的「化妝品」，進而改變了消費者對固體香皂的既定印象。

從那時開始，多芬隨著時代演進不斷拓展多樣性的產品，但始終如一的堅持守護「協助女性自信展現美麗」的核心理念。

也就是說，多芬的品牌宗旨「讓所有女性積極正向地看待自己的美麗」，正是建立在「社會議題」與「最理想自我」的交會點上。

這也正是它能夠深深吸引人心、擁有強大「吸引力」的關鍵。

理念的價值不在於達成目標，而在於持續朝目標邁進

接下來，我們不妨再回顧一下白板上的概念圖。

當我們將「社會議題」與「最理想的自我」融合起來，各位是否發現，品牌宗旨已自然而然地包含了「受眾範圍」與「品牌價值」了呢？

以多芬為例，「所有的女性」即是受眾範圍，「協助女性自信展現美麗」便是其品牌價值。

為什麼會有這樣的結果呢？因為「社會議題」原本就是社會上某些人正在面對的悲傷、痛苦、煩惱或困境。

若我們的理念致力於解決這些問題時，也就表示我們正試圖為有這些煩惱的人們提供某種價值。

不過，我們必須理解，「目標」本質上是一種理念。所謂的理念，就如同夜空中閃耀的北極星。它是一個指引方向的標的，雖然我們可以朝著它不斷邁進，但卻永遠無法真正觸及。

舉例來說，像「沒有戰爭的世界」這樣的理念，即使再怎麼努力，在現實世界中恐怕也不可能百分之百實現。

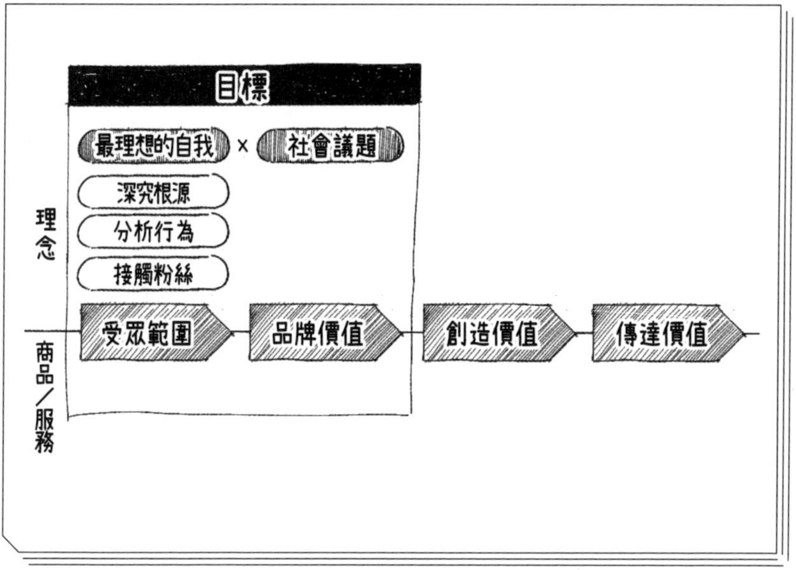

因為即使理念無法完全實現，只要理念存在，我們就能持續朝著這個方向，不斷前進。

理念之所以重要，就在於它能指引人們不斷前行。

即使我們永遠無法抵達終點，也不代表理念因此失去力量和意義。

比方說，約翰．藍儂唱出了一首描繪沒有戰爭的世界的歌。

但很遺憾的是，直至今日，戰爭仍舊持續發生在世界上的許多角落。

儘管如此，這首〈想像〉（Imagine）依然被世人視為經典名曲。甚至可以說，正因為真實世界尚未達成這樣的理想，這首歌才顯得格外動人心弦。

理念的價值與意義，並不取決於它是否符合現實且實際可行，而是在於它能否真正觸動人心、引發共鳴，並激起人們起身行動的念頭。

為了在數十年間持續邁進，引領前行的目標需有強大吸引力

目前為止，我們討論的「目標」其實就像是在夜空中閃耀的北極星。

相對於此，具體的商品與服務，就有如地面上的我們仰望北極星時所踏出的每一步。

因此，當我們在研發商品或構思服務類型時，雖然應該以既定的理念作為方向指標，但同時也必須針對眼前顧客的確實需求與煩惱，思考解決方案。即使提供的價值尚未完美，也應追求實際可行。

舉例來說，美國的多芬推出過一款專為乾裂肌膚設計的「美肌潔膚皂」。這項產品如果依據受眾範圍、品牌價值、創造價值與傳達價值，四個要素進行分析，結果可能如下：

受眾範圍

- **乾性肌膚的女性**

品牌價值
・改善肌膚乾裂問題

創造價值
・與權威皮膚科醫師共同研發的專業配方

傳達價值
・以專業皮膚科醫師背書為主軸的廣告內容

實際上，就算真的能幫乾性肌膚的女性減少皮膚乾裂的問題，多芬「讓所有女性積極正向看待自己的美麗」的品牌理念也不太可能達成。

畢竟，想要讓生活在這世界上的所有女性，都能對自己的外貌擁有百分之百的自信……，要想完全實現這樣的理想狀態，在真實社會中幾乎是不可能的事情。

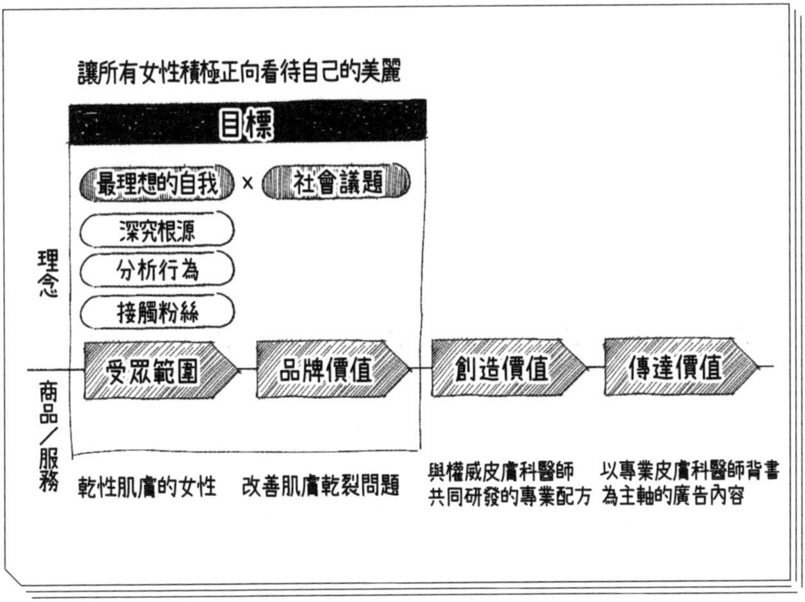
讓所有女性積極正向看待自己的美麗
目標
最理想的自我
×
社會議題
深究根源
分析行為
接觸粉絲
理念
商品／服務
受眾範圍
品牌價值
創造價值
傳達價值
乾性肌膚的女性
改善肌膚乾裂問題
與權威皮膚科醫師共同研發的專業配方
以專業皮膚科醫師背書為主軸的廣告內容

但雖然這麼說，並不代表這個理念或相關產品就沒有價值。

因為理念的存在，是為了讓人們像仰望夜空的北極星那樣，引領我們一步步邁向目標。而商品的存在，則是讓我們踏出真實的、更接近理想的一步。

為了讓這樣的努力可以延續數十年不間斷，此一目標必須具有強大的磁場能夠吸引人們向前。

好！相關的概念都已經大致講完了，那今天就先上到這裡吧！

博士的最後一句話，彷彿緩緩滲入灰泥材質的牆裡，整個包廂有如鳥兒離去後的巢穴，顯得空蕩而寂靜。

阿蔻依然神情專注的看著MacBook螢幕，頭輕微地晃動著。不知道是在緩緩的點頭思考，還是跟隨著店裡播放的背景音樂節奏，輕輕搖擺。

「我剛剛想了一下，那個『社會議題』和『最理想自我』的交會點。說真的，我總覺得……就算是在自己最理想的狀態，也不會是什麼很了不起的事情，更不用說有什麼社會問題可以靠自己的能力解決……。」

在我話一說出口的瞬間，阿蔻像是要吞下一塊什麼東西似的，緩緩地點了點頭說：

「一郎的夢想是什麼？」

「夢想嗎？嗯……，現在，好像也沒什麼特別的夢想耶！我在小學、國中的時候曾經想當棒球選手，到了大學又想當吉他手……。」

「那不就是『理想中的自己』嗎？」

「所以，『最理想的自我』就是夢想的意思嗎？」

「我覺得在某種程度上是一樣的呀！你想成為這個樣子，想有那樣的生活，一種『理想中的狀態』。」

「可是，我現在距離那樣的自己還差得很遠。」

「『最理想的自我』，也和目標一樣，就是一顆北極星啊！」阿蔻說著。

原來如此啊——「夢想」和「最好的自己」，就是博士所說的那個「理念」。即使那個理念遙不可及，但只要我們能持續追尋、不放棄地朝著目標前進，它本身就有其存在的價值。

理念，不是為了實現，而是一個自己在尋尋覓覓的人生路上，不迷失方向、能繼續前進的「指標」。也許正因如此，大谷翔平才能在實現兒時夢想、成為職棒選手之後，依然沒有停下追尋理想的腳步，繼續在球場上展現那樣驚人的優異成績。

從這個角度看來，或許那些真正實現童年夢想的棒球選手和吉他手，才是最能理解夢想真正的模樣。

「原來是這樣啊……雖然我現在應該不會再去當什麼棒球選手或吉他手了，但我想，那顆如北極星般閃耀發光的『理想中的自己』，我還是會把它好好放在內心裡某個重要的位置。即使現在離那個目標還十分遙遠，也不需要因此退縮氣餒吧！」

阿蔻聽了之後，像是頓時放下了緊張，露出微微的笑容。

「而且，那種「我想成為那樣的人」的理想，也不見得非得像棒球選手或吉他手那樣光鮮亮麗、引人注目吧？」

最理想的自己、自己該成為的模樣、理想中的我，對現在的自己而言，那究竟是什麼樣子呢？

從小時候的夢想、到大學畢業時找工作，寫在履歷上的職涯目標，那些目前為止所謂的「理想」，全都是因為別人要求自己思考，才寫出來的結果。雖然這樣說也許有點誇張，但至少可以說，那些目標都是我一邊想着「得說服別人」的心情下才想出來的。

但隨著時間的過去，夢想和目標這些話題終於不再被問起，不再需要向任何人解釋時，我卻用一種極為粗暴的方式拋棄它們，彷彿那些東西從頭到尾就與我無關一樣。

理想的自己，其實不需要像小時候寫在畢業紀念冊上的夢想那樣冠冕堂皇、想要獲得大人的稱讚。也不需要像求職時寫的職涯目標那樣的志向遠大，想要能夠博取前輩的認同和青睞。

同樣地，也不需在意現在的自己離夢想太遠，甚至永遠都不可能真正實現。

真正的理想，是無須偽裝、無須逞強，不為了任何人，純粹為了自己而存在的「最理想的自己」。

我想試著重新去尋找「理想中的自己」。

重新仔細回想那些目前為止曾走過的路、調整現在的腳步、傾聽那些一路以來默默支持我的人的聲音，回頭尋找自己真正的起點。

如果那個「理想中的自己」真的能與某個社會議題產生交集，那麼在那交會之處所產生的另一個理念，就是所謂的「使命」。

而這份使命，也許真能成為我與社會產生連結的座標，成為我在職涯中得以追尋的方向。

那麼，我所能解決的「社會議題」，究竟是什麼呢？

「接下來該想的，就是『社會議題』吧？」

「『社會』的範圍其實很廣喔！從整個世界、人類這種宏觀的概念，到你身邊的小社群，都可以是一種社會。」

的確，就算說是要找到自己的人生目標或使命，並不是每個人都非得像伊隆．馬斯克（Elon Reeve Musk）那樣，肩負起拯救人類文明或地球環境的使命。

自己的理想與社會議題所產生的交集，也並不一定得發生在多麼戲劇性的地點。而且，即使不在那樣戲劇性的場景中出現，也不代表那個交會點不存在。

人生的目標、理想有各種各樣的形式和大小。

「那……可以問桃太郎先生的目標到底是什麼嗎？」

「不是他自己找出來的，而是岱爾飛的大家幫他找到的。我想啊，要是那時候沒有遇上博士的課程，他很可能就會一直封閉自己，到現在都還沒辦法找到吧！」

「我可以問問，那個目標到底是什麼嗎？」

「一郎，其實你已經知道大半了喔！」

阿蔻說著，一邊將MacBook挪近手邊，專注地望著螢幕。

從MacBook螢幕中反射出的藍白色光影，靜靜停留在阿蔻的眼中，就像深夜裡閃爍不移的路標，毫不動搖。

「該不會是『成為商業界的鈴木一朗』吧？」

阿蔻抬起頭來看著我，微微一笑，然後接著說：

「成為商業界的鈴木一朗，去鼓舞那些對自己失去信心的岱爾飛員工們，還有全日本的職場工作者們。」

當年還在求職階段的我，在面試時遇見了桃太郎先生。後來也在全體員工大會上看著他自信滿滿地發表演說。仔細想想，桃太郎先生的表情，總是那樣靦腆而含蓄。那不是立刻能感受到的親切，而是一種需要細細觀察才能理解、含蓄內斂地替對方加油打氣的微笑。我突然覺得我真的很喜歡桃太郎先生這個人。

當我得知總公司現在已標準化的「各產品業績預測報告」，其實是桃太郎先生想出來的時候，就覺得熱血沸騰，那種感覺就像看到新聞報導說，大谷翔平又揮出全壘打那樣令人血脈賁張。

而當他升遷為社長的消息，由前任社長雷先生親自在全體員工大會宣布。當時會場瞬間響起一陣歡呼聲，可見興奮的不只是我一個人。

「成為商業界的鈴木一朗，在國際舞台上展現日本人的價值」，這不只是桃太郎先生的初衷、也是他一路走來所持續實踐的事，也是為什麼岱爾飛日本的每位員工都願意支持他。

而他之所以能讓那樣的信念閃閃發亮，正是那份初衷與「失去自信的日本人」這個社會議題產生了交集和共鳴。

回想起自己剛進公司的那段日子，當時在岱爾飛，只要當上事業群總經理，就已經等於是人生勝利組。

大家都認為，社長的位置一定會從總公司外派過來。大部分的事業群總經理，都把自己的重點擺在如何穩住現在的位置。

但桃太郎先生選擇了不一樣的路。他遵循自己內心的目標，決心成為岱爾飛日本史上第一位日本人出身的社長。

阿蔻與桃太郎兩人都覺得這堂課是「最有收穫的一課」。這也正是對桃太郎先生的職業生涯產生決定性關鍵的時刻。

我想，對阿蔻的職涯來說，也有同樣的影響。

「那……可以問問什麼是阿蔻的目標嗎？」

我這樣問著，阿蔻用略帶緊張的眼神看向我。

「我的目標啊，是幫助自己眼前的人找到『最理想的自己』，然後幫助他實現那個理想。」

目標

- 如果品牌的目標沒有魅力，那就失去了存在的理由
- 引人注目的品牌目標，正是「最理想的自我」與「社會議題」的交會點
- 理念的價值不在於達成目標，而在於持續朝目標邁進
- 為了在數十年間持續邁進，引領前行的目標需有強大吸引力

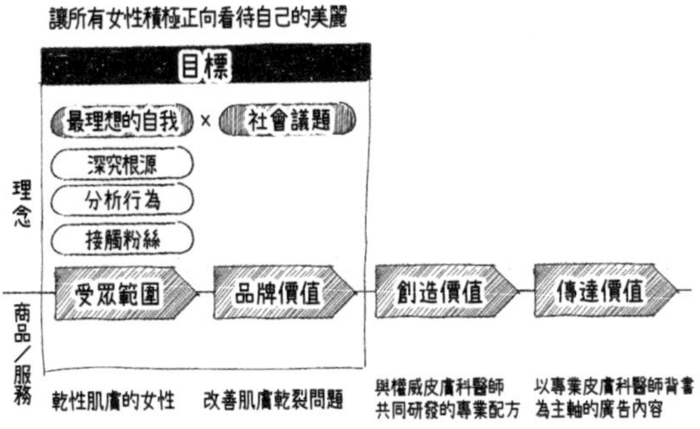

第八講

「打動人心」

「一到春天，怪人就特別多。」

這是部門裡，一位剛進公司滿兩年、我負責帶的後輩女生說的話。

就在上個星期天，她在橫濱櫻木町站前遇到一個背著超大後背包的壯碩男子，一邊喃喃自語，一邊在她附近徘徊不去，行跡相當可疑。

這個叫做「小夢」的後輩，平常會在櫻木町車站前的街頭自彈自唱，表演她自己創作的歌曲。她一頭烏黑的直長髮，配上整齊的瀏海，看起來就像個氣質清新的優等生。要不是她自己說，我會以為她是個吹長笛之類的音樂家。沒想到，她竟然是拿著吉他在街頭唱歌的那種創作歌手。

「一郎前輩以前不是也曾彈吉他嗎？下次要不要一起來彈看看？」

「妳是說一起在街頭表演嗎？不不不，那我可沒辦法啦！我大概快十年沒碰吉他了。倒是妳平常都唱些什麼？」

「唱我自己寫的歌。我從高中開始就在寫歌了喔。」

「自己寫的？是什麼風格啊？」

「嗯，怎麼說呢？那……下次你來現場聽聽看吧？」

就這樣，我也不知道該怎麼拒絕，只好點頭答應這個週六晚上，要去櫻木町欣賞小夢學妹的街頭表演。

「一郎你還真受歡迎呢！」

「別鬧了，才沒有咧！」

「你這反應也太誠實。一郎你該不會……有點喜歡小夢？」

「完全沒有啦！她應該也完全沒那個意思吧？感覺她根本把我當保鑣在用而已。」

「既然是保鑣，那就要一直陪在她身邊囉？」

……這麼說也有道理。

就算我真的有這麼多時間，也不可能每個週末都去當她的街頭演唱保鑣吧？

雖然有點對不起她，還是找個理由推掉好了，就說家裡臨時有事。

再說如果要當保鑣的話，應該有更多比我適合的人選吧？小夢學妹那種像小動物一樣的可愛女孩，在公司裡可是人氣很旺，有不少粉絲。

「老實說啦，要找保鑣的話，我應該是整間公司裡最不適合的人選了吧？」

「才不會呢。我覺得你很可靠啊。」

「上次的踢拳對練，只是因為新手運氣好而已啦！要是沒有戴手套，真的在外面打起來，我肯定擋不住的。」

「我不是那個意思，我是指你這個人。你給人一種很可靠的感覺啊。」

「這是我人生第一次被這樣說耶。前女友總是口頭禪一樣的說我『靠不住』。」

「你前女友是我們公司裡的人吧？我應該認識。她是不是也在卡拉ＯＫ社？」

「應該是妳說的那個啦。如果她常常跟桃太郎前輩一起出現在卡拉ＯＫ社，當然會覺得我靠不住吧？話說回來，其實小夢也可以直接請桃太郎前輩跟她一起在街頭彈唱啊！他應該也會來吧？」

為了避免特別偏袒某人，桃太郎前輩的原則一向是不跟部屬去打高爾夫球、也不一起喝酒。但聽說因為他歌唱得不錯，所以只要是卡拉ＯＫ的邀約，他幾乎來者不拒。

所以啊，在公司裡那個非正式的卡拉ＯＫ社裡，桃太郎其實也算是半個固定班底。

「桃太郎雖然是那種愛出風頭的人，但要他在大家面前表演什麼，其實也不是很擅長喔！」

「真的假的？但他不是卡拉ＯＫ社的常客嗎？」

「那是因為在卡拉ＯＫ社，是大家邀請他過去當客人。但如果是跟同期同事去唱，他就會唱一些大家都沒聽過的抒情歌，讓氣氛整個變得超冷。」

「但他在全體員工大會上的演講，不都很受員工歡迎嗎？就算講得像校長致詞一樣有點冷，也沒什麼關係吧？每次桃太郎前輩一講完，我身邊總是會有人說『這些話講得真不錯』。」

「那是因為他有練習過啊！」

「是阿蔻訓練他的嗎？說到這個，妳們自從在那場『同學會』重新見面之後，後來是什麼樣的關係啊？」

「我那時剛好在人事部門建立了一個新制度叫ＨＲＣＰ，我跟博士解釋過後，桃太郎就說：『那妳來當我的ＨＲＣＰ吧』。」

ＨＲＣＰ是人事職涯開發（Human Resources Career Partner）的縮寫，是我們公司特有的人事制度之一。

在日本岱爾飛的人資部門中，主要分為三大領域。一是處理薪資與員工福利等行政業務的「人事服務」；二是針對各業務單位的策略需求，支援招募人才與在職訓練的「人事商務支援」部分；第三則是協助員工開拓個人職涯發展的「人事職涯開發」。

目前整個人事職涯開發團隊，共有五人。公司內部任何一位員工，只要有意願，都可以選擇一位適合自己的人事職涯開發顧問，安排定期的一對一職涯諮詢。

當然，職涯發展的責任也在直屬主管身上。但主管這個角色可能隨著人事輪調而頻繁更換，再加上整體團隊的人才培養方向，往往也不一定與每位員工的個人期望一致。舉例來說，也許某人嚮往做企畫，但整個團隊當下需要培養的是專案經理。

在這種情況下，公司通常會優先考量團隊的需求。不過，人事職涯開發顧問可以在這裡扮演更中立的角色，從長遠的角度提供建議，幫助員工思考，該怎麼累積企畫經驗，或從更全面的觀點判斷自己比較適合哪一個方向。

「原來人事職涯開發顧問也是阿蔻妳設計出來的啊？我一直以為，那是從總公司沿用過來的標準制度。」

「那個制度啊，其實就是從GLP的導師制度轉變過來的。當初正是因為這樣，我才特別想跟博士報告一下。」

「畢竟博士原本就是妳的職涯導師嘛！原來如此，所以後來妳就成了桃太郎前輩的人事職涯開發顧問囉？」

「其實到現在都還是喔！正式上說來，我屬於人事部門、擔任桃太郎的職涯顧問。雖然大家都以為我是他的助理，但其實我的名片上就是這麼寫的，而公司內網上的資料也是這樣記錄。」

「咦？真的假的？不過也是啦，公司裡也沒幾個人真的會拿到妳的名片，要去內網查妳的所屬單位，感覺就跟查桃太郎前輩是在哪個部門差不多的感覺……但你們怎麼都不直接說呢？」

「大概是桃太郎自己覺得不好意思吧？他可能覺得『我身邊居然還要配個職涯顧問』？我倒是覺得『助理』這稱呼比較貼近實際工作內容，也比較好理解，所以覺得這樣也無妨。」

「那……所以桃太郎其實有其他正式的助理囉？」

「他當事業群總經理的時候是有。那時ＨＲＣＰ這制度還在試驗階段，我就貼身跟著他工作，觀察、從旁協助，就在這樣幫忙處理了很多事情之後，慢慢地也開始幫他管理行程安排，等他升上社長，我也就順便把一些相關的事情都一起接下來處理。說真的，當桃太郎的助理，可真是一份超級辛苦的工作。」

我想，阿蔻對工作的初衷，一定就是「幫別人加油」吧。

擔任桃太郎人事職涯開發顧問的這項工作，能具體實現阿蔻「協助他人找到理想自己」的工作觀和目標，或許對阿蔻來說，這樣的角色是再適合也不過的抉擇。

當時的桃太郎，應該是打從心裡立志要成為岱爾飛日本史上第一位日本人社長，並為此目標全力以赴。

那時，全公司的人，甚至連當時的事業群總經理們，從來都沒有想過這件事真的能成真。

如果真的能實現，就等於向全公司的夥伴證明「我們也辦得到」！

如果能夠透過協助桃太郎實現他「最理想的自我」，鼓舞整個岱爾飛日本的同仁，讓他們重拾信心與勇氣，對阿蔻而言，這無疑是個比什麼都有意義的工作。

原來，博士的那場講座，不僅替他們兩人各自照亮了未來的方向，還悄悄地在兩人不知不覺中，將他們的命運之繩緊緊相連。

一直以來，兩人各自努力不懈地為自己的人生編織色彩。而三人在那場睽違八年的重逢裡，才終於發現，他們都是這幅壯闊美麗的人生壁毯中的一角。

「哇，這故事也真是……太熱血了吧！」

「當然熱血啊！這可真的是為了桃太郎『赴湯蹈火』呢！」

「不，我是說……它讓人太感動了。」

「這份『感動』，其實就是一場好演講中最關鍵的因素之一喔！領導者的發言，必須具有『感動人心』的力量才行。」

「對對，就是那個。桃太郎的演講，總是比其他人來得令人更有共鳴。」

「但他一開始完全不是這樣的啊。因為他原本是個『Excel 大師』，是個『數字導向』的人。他做的圖表確實清楚易懂，但你也知道，那完全感動不了人。他當上事業群總經理以前的演講，也多是那種清楚易懂但沒什麼溫度的風格。」

「原來是這樣。那麼後來身為人事職涯開發顧問的阿蔻，是不是就認為這就是他想當社長之前必須克服的問題，於是就幫著他進行訓練？」

「嗯……但那不是我訓練他的喔。」

阿蔻一邊說著，一邊從包包裡拿出她的筆電。

「我找了那個人幫忙。就是桃太郎當初偷懶沒聽完的那堂課，我陪他一起重新聽了一遍。」

今天我想談談「說什麼（What to say）和怎麼說（How to say）」。

當我們打算與他人溝通時，往往會先想要表達什麼訊息（What to say）？但同樣重要的是，也必須思考要如何表達（How to say）？這就是我們今天要深入探討的觀點。

這個想法在進行一對多的溝通時，特別有用。

廣告是一對多溝通的代表性例子。不僅如此，像是校長對全校師生的發言，也是一對多的溝通。

現代的社群媒體，若只是從發布貼文的角度來看，也屬於一對多的訊息傳遞。再舉些更平常的例子，像是寄一封通知郵件給部門所有成員也算是一對多的溝通。這樣看來，現代社會中幾乎每一個人，都是「一對多溝通」的實踐者。

「直接式對話」在一對多溝通的情境裡，往往無法發揮作用

不過這個觀念，不只適用於一對多的溝通，它同樣也能運用在日常對話等各種需要溝通的場合。

你身邊是不是也有一種人？明明說得內容很正確，卻總是讓人聽不下去，因為「說話的方式」實在讓人難以接受？

阿蔻，妳剛剛那個表情，是不是想到了誰？

這正是典型的說話者只顧著說什麼（What to say），卻完全沒想過要怎麼說（How to say）時，最常發生的狀況。

只是相比之下，「日常對話」和「一對多溝通」之間，對於「怎麼表達」所需考量的複雜程度，

有很大的差別。

在日常對話中，若說話方式讓人感到不舒服，通常是因為對對方缺乏基本的尊重。像是說出「這種事情不是出納部該處理的嗎？」這類的話。把別人的工作稱為「這種事」，很難不讓對方感覺受傷或不被尊重吧？

但在對人數眾多的群體進行一對多的溝通時，一般說來，很少看到像這樣沒有禮貌又衝動的發言。因為這類的內容通常是由團隊花時間思考、推敲和撰稿，經過多人審核，如果有任何無理、衝動的語言，會有負責的人員在某個固定環節要求改善。

在一對多的溝通中最常出現的問題，其實不是說錯了話，而是你想傳達的重點，對方根本沒有接收到。或者是即使對方在表面上聽懂意思，但心裡卻始終無法真正認同，有所共鳴。這就是在「怎麼說（How to say）」的方面出了問題。

舉例來說，假設負責公司內部的新創事業單位要舉行企畫競賽，主辦單位寫了一封訊息通知信，想鼓勵全體同仁踴躍報名參加，這就是典型的一對多溝通情境。

我們先把這封信的「內容要點」（What to say）整理如下：

這次競賽是社長親自推動的重要企畫。它攸關公司未來的發展，社長認為每一位員工都應該積極參加。獲勝者除了能獲得獎金，還可以親自參與自己的企畫案。希望大家能把握難得的機會，踴躍報名參加。

如果直接把這段文字以電子郵件形式照本宣科地寄出，也是一種「如實陳述」的方式。這在某種程度上也可算是「怎麼說」的一種形式，在廣告業界稱為「直接表達」（Straight Talk）。不過，在這種情況下，你覺得這樣的溝通方式會有多大的效果呢？你覺得有幾成岱爾飛的員工，看到信中那句「每個人都扮演著重要角色」的話，會真的產生這件事「與自己息息相關」的感覺呢？以我這個多年研究大眾傳播媒體的專家看來，恐怕最多就是個位數罷了。因為對社會上的多數人來說，來自素未謀面者的訊息，基本上就不太容易引起大家的關心。

在這樣的前提下，多數場合的一對多溝通並不適合用「直接傳達」的方式。在想把訊息傳達出去之前，必須先想辦法讓對方從「無感」變成「有感」，從「冷漠」轉向「關注」。你必須先按下那個能讓對方打開心門的開關。

而「怎麼表達」正扮演著啟動此一開關的重要角色。

現代社會的每一個人，其實都是文案寫手

那麼，若想讓每一位員工都感受到自己必須參與，並對獎金或親自推動企畫這件事產生興趣，主辦單位該怎麼傳達這個訊息，才能引起大家的共鳴呢？

阿蔻、桃太郎，請你們稍微思考一下。

當然，這裡並沒有標準答案。

比方說，可以改成由雷社長直接寄出信件，開頭不再是制式的「各位同仁」，而是透過系統自動插入收件人的名字，像是「內田小姐」、「川上先生」這樣的方式。

又或者別再站在公司的立場高喊什麼「不能再這樣下去了！」這種製造危機感的語言，而是試著站在員工的角度，先肯定他們平日的努力，再進一步邀請他們把那份努力，透過這次企畫競賽傳遞給自己。這樣的表現方式或許更能打動人心。

光是這樣一封訊息通知信，就有這麼多種可能的寫法。即使像我這樣不擅長創意的人，也至少可以做到這種程度。

不，只能說至少也要做到這個程度的創意才行。

就算你平常不經營社群媒體，也很少站上台發言，但只要你有在辦公室工作，應該都寫過一封發給很多人的通知信吧？

所以從這個角度來看，現代人在某種程度上其實都是「廣告」的傳遞者，也都是文案寫手和行銷企畫。

多數令人「感動」的瞬間，往往源自於經過深思熟慮的表達方式

當然，表達方式的重要性並非今日才被重視，自古以來，在人類歷史中都占有關鍵地位。

歷史上有無數關鍵的時刻，其實都與偉人們的「說話方式」息息相關。這樣的例子，多得數也數不清。

例如，金恩牧師著名的演講「我有一個夢」。

這場演說是，在紀念林肯總統發布「解放黑奴宣言」百年之際的集會上發表的。

從「說什麼」的要點來看，內容大致可以歸納如下：

一百年前的解放黑奴宣言，讓美國社會回到了「人人生而平等」的建國理想，也因此廢除了奴隸制度。

然而，針對非裔族群的偏見與歧視依然存在。

因此，現在正是各位重新思考建國理念、立法矯正歧視、根除種族偏見的關鍵時刻。

這段訊息邏輯清晰，也十分具有說服力，並符合演說場景的需求。

但如果金恩牧師只是照本宣科、以「直接傳達」的方式說出這段話，那麼這場演講恐怕也無法名留青史。

只憑邏輯清晰和場合得體，最多只是讓少數人理解而已，卻難以真正觸動多數人的內心。

金恩牧師把這段平鋪直敘的政治訴求轉化為「自己的夢想」，以富有韻律的語調和鏗鏘有力的言詞傳達給全場的聽眾。

他希望未來的美國社會是自己的四個孩子和黑人朋友們，能與白人攜手合作、平等生活，希望膚色不再是評價個人的標準，而是依照個人的性格和能力一較高下。金恩牧師以抑揚頓挫、充滿感情的激動語氣，描繪訴說著他夢想中的未來世界。

金恩牧師這場震攝人心的演講，打動了在場的每一個人，並且跨越了時空，影響了全美，甚至連當時的甘迺迪總統也深受感動。後來上任的詹森總統，便於隔年正式通過權利法案，明文禁止對非裔族群的歧視與不平等待遇。

從特色、優勢、利益和價值，選擇切入主題的角度

目前為止，我們討論的內容大都是觀念層面和必須注意的重點。接下來，則要談一些實際可用的技巧。

大家應該還記得「怎麼說」（How to say）指的是「如何表達」，但其中其實也包含了一個重點：該怎麼篩選「說什麼」（What to say），也就是選擇切入主題的角度。

那麼，「切入主題的角度」是什麼意思呢？舉例來說，假設現在要替一款汽車做廣告，要以該車款很省油為主要訴求。你可以從友善環境的角度出發，強調低油耗有助於節能減碳。也可以從經濟方面的考量切入，強調能替車主節省燃油費的開支。雖然講的都是同樣的產品特色，但切入點不同，說法也就截然不同。

那麼在思考要從哪一個角度切入主題時，有一項很實用的工具可以協助我們全面整理思路，那就是所謂的「FABV法則」。

FABV是四個英文字的縮寫，分別代表產品特色（Feature）、競爭優勢（Advantage）、顧客利益（Benefit）與核心價值（Value）。

第一個切入主題的表達方式是從「特色」下手。也就是介紹產品本身的具體規格，以及內部支援的技術和特殊的設計。

比方說「此車款使用多方最新科技和新研發的動力引擎，每公升的油可行駛超過三十五公里，這即是以低油耗為「產品特色」進行的訴求。

第二種方式是從「優勢」切入。也就是強調這項商品比其他競品更出色的地方。例如，「根據某某調查顯示，在同等級車款中，本產品擁有最佳油耗表現」正是典型的運用產品「優勢」來說服對方的手法。

接下來就是具體告訴顧客，這個產品能為他們帶來什麼好處？「特色」和「優勢」都是從產品提供者的角度出發，而「利益」則是站在顧客立場進行思考。

以「低油耗」為例，若從消費者的觀點來看，最大利益可能是節省通勤或日常生活的油錢。更進一步來說，也許讓顧客真正心動的點，是省下的費用可以拿來旅行或者看一場期待已久的演唱會。

這種深入發掘「顧客觀點下的好處」，並加以強調，即是以「利益」為訴求的表達方式。

最後，是以「價值」為訴求的方式。或許有些人會把「價值」單純理解為「物超所值」，但在我看來，「價值」也可以代表更深層的意義。

那就是這個產品訴求，能否觸動消費者內心深處的某種「價值觀」。

如果這款車不耗油、能節省加油的開銷，也可以說這是台不增加地球環境負擔的好車。若以此觀點，強調「選擇這台車，就能帶給地球更美好的未來」，那麼，這就是以顧客友善環境的「理念」作為切入點的「價值訴求」。

從「顧客」、「競品」、「自家品牌」的觀點，分析多變的市場環境，選擇切入點

那麼，該如何判斷哪種切入方式最有效呢？這必須視情況而定，沒有標準答案。

舉例來說，如果想訴求產品特色，說明車款的油耗表現，像「每公升的油可行駛三十五公里」這樣的數據，就能清楚表達這台車的性能有多優異。

但如果主打的是「車輛靈活性」，卻只直接列出「最小迴轉半徑為四・四公尺」這樣的規格，對大多數不熟悉汽車數據的消費者來說，恐怕難以理解這項性能的意義與優點。

在這種情形下，或許可以改用以「顧客利益」的角度來切入會更適當。像是「就算在東京市中心狹窄的停車場，也能輕鬆停車」，具體說明點出輕巧車身的優點。

或者，你可以從「價值觀」來切入，強調靈巧的車身讓行動不受限制，是專為追求自由生活的人打造的車。這是從顧客心中的理想價值來描繪。

另外，如果「車型輕巧好開」這個特點已成為市場普遍注重的焦點，大家都視它為選車的重要因素，那麼直接強調「同級車款中最輕巧」這類「優勢訴求」，也會是一個有效的方式。

那如果再更進一步，消費者普遍都開始在意最小迴轉半徑這項數據時，那麼回到「產品特色」這個觀點進行訴求，也會變得有效。

簡單來說，在選擇訴求的觀點時，必須仔細觀察顧客（Customer）、競爭對手（Competitor）、自家品牌（Company）這三個面向，並根據市場變化靈活調整。

這三個詞的英文都是C開頭，為了記憶方便，大家也可以簡稱「3C」。

回顧一下今天的課程，我們可以把相關內容整理成以下表格。

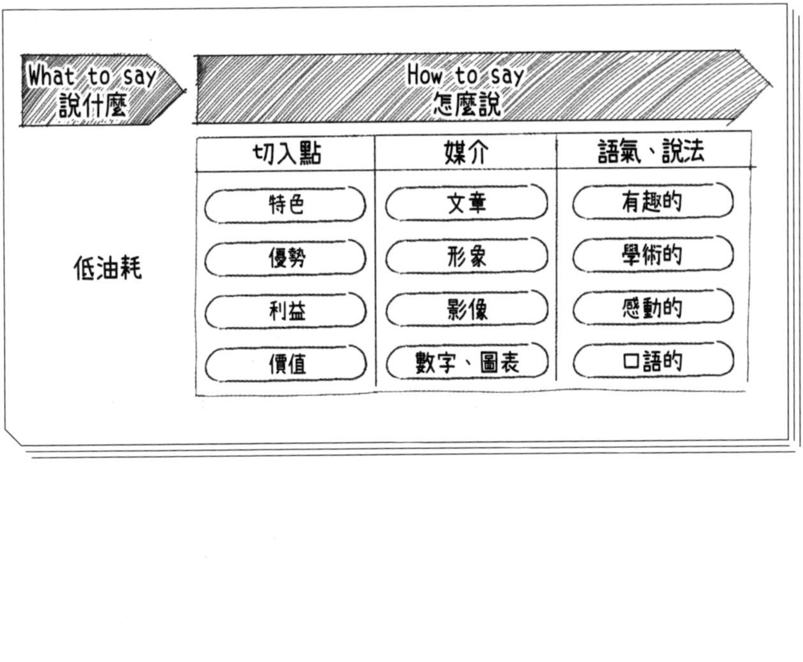
What to say
說什麼
How to say
怎麼說
切入點
媒介
語氣、說法
低油耗
特色
優勢
利益
價值
文章
形象
影像
數字、圖表
有趣的
學術的
感動的
口語的

哪怕只是表達「低油耗」同樣一個訊息，還是可以根據切入觀點的不同，選擇不同的媒介、語氣與措詞，創造出無數種表達方式。

「媒介」和「語氣、說法」的選項，當然不只圖表中那幾種，像是使用文字加圖片的混合媒介，或是結合兩種以上要素的表達方式，也都是常見的作法。這樣一來，可以自由組合各種形式，創造出近乎無限的變化。

在這無窮的組合裡，重點在於根據時機、情境，還有最重要的「溝通對象」，靈活選擇最合適的表達方式。這就是「怎麼說」真正的關鍵。

當然，這不是一朝一夕就能學會的技能。

它需要不斷地練習，首先要能留意這些要點、試著實踐，再觀察對方反應、分析檢討，進行修正，再持續嘗試，才能掌握訣竅、建立自己的風格。

順帶一提，就連雷社長，看起來好像信手拈來，其實也是思考非常縝密、策略性極強的人。

不妨回頭想想，他在全體員工大會上的演講，再用今天學到的這些觀點來分析看看，相信你會有不少收穫。

那今天的課，就先進行到這裡吧！

❦

「事業群總經理在每一季的啟動會議上也會發表演講，但總覺得和桃太郎前輩的風格不太一樣。現在我大概能理解是什麼原因了。」

「因為大部分人根本沒有特別注意到『怎麼表達』這件事啊。」

「我自己以前做簡報，大概被挑剔過上百次了，但從來沒有人提醒我要注意『說話的方式』。也正因為如此，大家根本沒有意識到這點有多重要。」

「但真正能觸動人心的正是表達方式，這往往才是最關鍵的。不只金恩牧師，像林肯、甘迺迪這些被譽為偉大領導者的人，其實都是擅長演說的高手。他們的演講讓人記憶深刻，美國甚至有人可以一字不漏地背出整篇演講稿呢！」

「那像這樣的表達能力，也會成為評估未來社長人選的條件之一嗎？」

「你還記得，雷社長幾乎每一場各事業群的啟動會議一定都會親自出席吧？」

「有印象。他總是會帶著口譯人員一起參加呢！所以我們那時候的規定是簡報可以用日文講，但資料一定要用英文。」

「我想，雷社長不只是想了解各部門的策略或計畫，連各事業群總經理的演講內容，還有現場員工的反應，他都會非常細心觀察這些細節。」

雷・萊克斯頓，是我剛加入岱爾飛日本時的社長。

在像我這樣的基層員工眼中，他是個幽默隨和的大叔，但實際上他可是哈佛法學院畢業的律師，還有軍旅經歷，是個非常不簡單的人物。

他那光頭造型辨識度極高，身形又十分壯碩，每次悄悄出現在啟動會議的場合都很容易認出來。據雷社長說，在一九九〇年代的美國，有一種流傳已久的說法。就是「想在日本當社長，頭髮得是灰的才行」。

也不曉得是巧合還是真的有意安排，過去歷任派來岱爾飛日本的美國籍社長，還真的都是一頭灰髮。不過，隨著資訊產業愈來愈年輕化，要找到這樣的「灰髮資深選手」也有相當難度。據說，總公司最後實在找不到合適的灰髮人選，只好退而求其次，最後找來了「光頭」的雷作為替代方案。

連我這種英文不太好的人，都還能清楚記得雷社長說過的幾個玩笑，就知道他的演講有多令人印象深刻了。

「雷社長真的是一個很棒的領導人！」

「連我這種英文也說不好的基層小員工，也把雷社長演講的內容記得那麼清楚就可以知道了。」

「我們現在的社長也是雷社長認可的人選，所以也是個很好的領導者喔！」

「所以說，最後拍板定案桃太郎能升遷為社長的，應該也是雷前社長吧？」

「我聽說當時是雷社長和人事總經理一起去跟美國總部談的。不過也有傳聞說，那時的人事總經理其實是比較推薦柳部長，所以最後應該是雷社長定案的吧。」

原來，桃太郎最後的對手是柳部長啊！

那位當年曾經將他打入冷宮的上司，這次終於讓桃太郎逆轉勝了。

雖然我知道自己的前主管柳總經理其實不壞，但自從聽了上次的故事後，心裡就對柳總經理產生一種莫名的對立感。在我心裡，總覺得桃太郎和柳總經理之間的「冷戰」似乎還沒畫下句點。

我想，桃太郎應該早就釋懷了吧？但當年那種主管和部屬上下關係中互相敵對的尷尬氣氛，要徹底從心底消除，恐怕沒那麼簡單。

「不過，柳總經理現在不是也好好地當著業務策略事業群的總經理嗎？雖然最後冷戰以這種方式落幕，但桃太郎真的沒有把柳總經理打入冷宮嗎？」

「我覺得那應該是雷前社長留下的影響吧？通常我都會參加雷社長和桃太郎的飯局，但雷社長要離開前的一次餐聚，是桃太郎和雷兩人單獨去吃了『鳥甚』。就是那一次吧？雷社長把一本林肯的傳記送給了桃太郎。我後來還有跟他借來看。」

「林肯常常出現在美國的政治劇裡呢。」

「因為他是從鄉下律師一路做到總統的『美國夢』代表啊！」

「所以才會這麼有人氣呀！」

「但更厲害的是，林肯當上總統之後，還把那些曾經瞧不起他、取笑過他的人，一個個提拔起來，給予重要職位。」

現在業務策略事業群的柳總經理，正是社長桃太郎最重要的左右手。

說真的，沒有柳總經理坐鎮的岱爾飛日本，簡直就像是沒有桃太郎擔任社長的公司一樣，令人難以想像。

柳總經理曾經是桃太郎的上司，同時也曾是角逐社長職位的競爭對手。

要他放下身段、親自三顧茅廬地邀請對方擔任要職，對桃太郎來說肯定不容易。要是有人直接勸他這麼做，他八成也是聽不進去。

雷社長大概也是預料到這點，所以才第一次邀桃太郎私下喝酒。席間一句也沒提柳總經理，只是在離開時默默把一本林肯的傳記交給了桃太郎。

這或許就是雷前社長精心安排的「表達方式」吧。

「說話方式真的很重要呢！我現在其實正在想，週末應該是不要去聽小夢的街頭表演比較好……但我還是打算找個聽起來比較高明的說法，婉轉推掉好了。雖然跟那些偉人比起來，我的煩惱也未免太微不足道了，說出來都有點丟臉。」

「對小夢來說可一點都不小呢。你可不能這樣喔！答應要去就一定得去。這種事她可能一輩子都記得呢。」

「……好。」

這次，阿蔻這樣直接的說話方式，意外地發揮了百分之百的效果。

打動人心

- 「直接式對話」在一對多溝通的情境裡，往往無法發揮作用
- 現代社會的每一個人，其實都是文案寫手
- 多數令人「感動」的瞬間，往往源自於經過深思熟慮的表達方式
- 從特色、優勢、利益和價值，選擇切入主題的角度
- 從「顧客」、「競品」、「自家品牌」的觀點，分析多變的市場環境，選擇切入點

《表達內容和如何表達》

What to say 說什麼	How to say 怎麼說		
	切入點	媒介	語氣、說法
低油耗	特色	文章	有趣的
	優勢	形象	學術的
	利益	影像	感動的
	價值	數字、圖表	口語的

最終講

「符合市場需求」

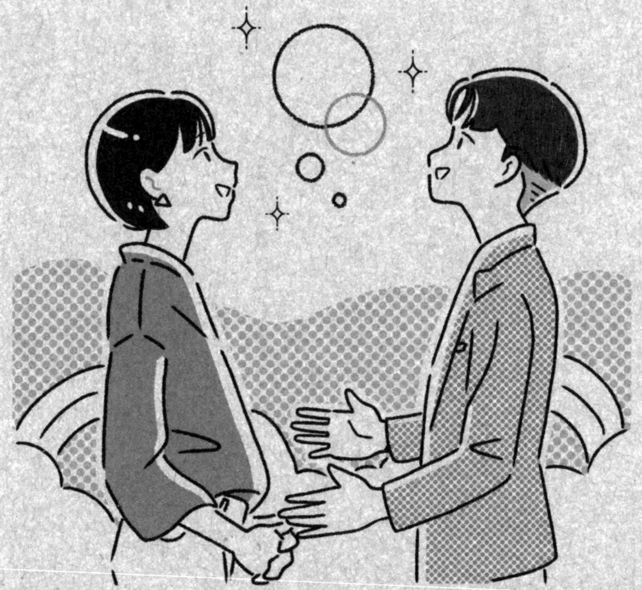

那則 LINE 訊息，是在星期天晚上傳來的。

那一天我陪小夢去街上表演吉他彈唱，演出結束後，又跑到櫻木町附近那區叫「野毛」的不夜城喝到天亮。結果，那天一整個下午，我幾乎都只能躺在被窩裡無法動彈。

之所以會喝成那樣，其實是因為小夢那天的表演也有幾位和她同期進公司的同事前來捧場，還有一些和這些同事差不多年紀、常來捧場的熟客也一起加入，所以大家就自然而然地一起約去續攤。在那之後，所有人又順勢前往附近一家充滿昭和懷舊風的卡拉ＯＫ店，像回到學生時代一樣，在店裡開起熱鬧喧囂的歡唱派對。

等唱完卡拉ＯＫ後，那些常來捧場的女生們就搭計程車先離開，但因為岱爾飛的同事幾乎都住得遠，最後就乾脆一路續攤喝到天亮。

當我醒來的時候，注意到 LINE 上有幾則新通知。

但當時只以為應該是小夢傳來的道謝訊息，或者是昨晚剛加好友的幾位禮貌性的招呼，沒特別去注意，也就沒打開來看。

而且這時最重要的是我餓到不行，難得打開 Uber Eats，大手筆地點了桃太郎曾經在ＩＧ直播裡推薦過的塔可餅和玉米片套餐。

說到桃太郎的ＩＧ直播，他可是有一票死忠粉絲，每次開播的留言都超多，評論區總是熱鬧非凡。他的直播背景，常是他家那一整組肌力健身器材，主要內容是推薦他「最近買到的好物」。上個星期介紹的是一款將酒瓶設計得像花瓶的「高級龍舌蘭酒」。

桃太郎還說塔可餅要搭配純龍舌蘭酒，才是王道。雖然話題講的是墨西哥，但背景音樂卻是牙買加風格的雷鬼音樂，全就是桃太郎的風格。

這時突然很想再看看桃太郎的ＩＧ，所以把手機拿在手上。後來又想先確認一下之前還沒看的通知，所以又滑開了 LINE。

結果在 LINE 裡看到阿蔻傳來的未讀訊息。

> 你有去聽小夢的表演吧？
> 我把博士的課程都傳到共享資料夾裡了，你隨時都可以來這裡看囉！

我把其他通知都看了一遍後，暫時關掉了LINE，但心裡的那團疑問卻怎麼樣也揮之不去。

阿蔻那句話是什麼意思啊？

難道阿蔻的意思是接下來的博士課程，不再是她在棲之木和我一對一親自解說，而是改成我自己在家聽錄音的自學模式嗎？

老實說，我也知道像現在這樣每次都由阿蔻親自帶著我上課、講解的模式，也不可能永遠地繼續下去。

但當突然收到這樣的「停止通知」時，我才驚覺到自己對這樣的相處模式，其實比想像中的更依賴、更在意。

我是不是不小心說錯了什麼話，惹她不高興了？

還是，她認為我已經有能力獨自聆聽課程，不需要她在旁指導了？

不過，其實也還沒確定阿蔻傳資料給我的用意，是要我以後都自己聽錄音上課，所以才把檔案分享給我？

或者只是單純地忘了分享之前的課程資料，現在才補傳給我而已？

除非我直接問她，否則恐怕也無法得知她的真正意思是什麼？但問題是，我該怎麼回阿蔻的LINE呢？

如果我回：「所以之後我就自己在家聽課嗎？」她可能會回：「嗯，那樣也不錯啊。」但問題是接下來，我又該怎麼接話呢？

萬一她真的因為什麼事情而有點不開心，那我應該直接道歉比較好吧。但如果開口直接問對方「妳為什麼會生氣？」好像又太白目。

但換個角度想，假如她真的認為「你已經不需要我幫忙了」，那我真的有辦法自己一個人充分理解博士的那些課程內容嗎？

這種事光靠我一個人在腦海裡想破頭也不會有答案，不過，我根本不知道該找誰商量。

要找一個對我跟阿蔻的關係多少有點了解，而且在這週日晚上的時間點剛好閒著沒事做的人……真的會有這種人嗎？

有的！正是佐佐木先生！

剛好 Uber Eats 的塔可餅送來了，我把它放進冰箱當作明天早餐，然後套上一件有領子的襯衫，朝「棲之木」走去。

「對了！佐佐木先生，我一直想問，阿蔻現在有男朋友嗎？」

「沒有喔！嗯！」

「咦，沒有？這……你很確定嗎？」

「非常確定，嗯！因為我問過。」

「欸？你怎麼問的呀？還有，你為什麼要問？」

「其實我啊！向阿蔻告白過三次，也被拒絕了三次。最後一次是去年底，那時她親口跟我說，她沒有男朋友。」

「所以說，她現在跟桃太郎沒有在交往了？」

「沒錯。他們之前雖然交往過，但分手後，應該就沒再復合了。嗯！應該是這樣沒錯。」

我原本只是想隨便聊點別的話題，轉換一下氣氛，讓腦袋稍微有時間梳理一下思緒，沒想到這一開口，瞬間就湧進十倍濃度的八卦訊息，反而讓我陷入當機邊緣。

佐佐木先生大概是看到我又露出一副驚嚇過度的呆樣，便不動聲色地默默在我的拿坡里義大利麵盤子旁邊，放上幾顆堅果。

其實那盤義大利麵早就送上來了，我卻完全忘了它的存在。我急急忙忙打開餐巾紙，拿出裡面的叉子，還順便向佐佐木先生續了一杯調酒——那款阿蔻偶爾也會點的白酒加碳酸汽水調酒。

「一郎先生，你的想法是想繼續每週三來這裡，和阿蔻一起聽博士的課，對吧？」

我填飽肚子後，心情也逐漸穩定下來，終於能夠仔細思考。腦袋裡混亂成一團的思緒，也好不容易大致整理出了答案。

我想，我還是需要阿蔻的協助。不管她是怎麼想的，我都應該先確實表達這份心意。

「嗯！我會好好跟她說清楚。她看起來應該也不是在生氣，如果她想要結束我們每週三的行銷課，純粹只是因為我自己的誤解，那就趁這次好好釐清誤會。」

「所以說，重點是你希望阿蔻能繼續當你的職涯顧問囉？」

「嗯，可以這麼說。」

「那不就簡單了？請她當你的人事職涯開發顧問就好了嘛！」

我聽完這個建議後，又露出了大吃一驚的表情。

對啊！阿蔻本來就是公司人事部門的人事職涯開發顧問。

雖然她現在只負責桃太郎，但這主要是因為大家根本沒把她當成人事職涯開發顧問才會這樣。

事實上，在岱爾飛日本，每一位員工都可以主動向適合自己的人事職涯開發顧問提出面談申請。

那我去請阿蔻當我的人事職涯開發顧問，完全是件合理的事。

「說得也是……我會去問她看看。」

我一邊假裝若有所思，一邊拿出手機，裝作是在查資料，實際上是準備回覆阿蔻的LINE。

小夢的表演我有去看唷！也謝謝妳分享博士的課程錄音。不過，另外有件事想請問妳，可以請妳當我的ＨＲＣＰ嗎？

但就在我要按下傳送鍵的瞬間，心中忽然浮現一絲遲疑，讓手停下了動作。

就算剛才喝的那兩杯調酒，幾乎就像是果汁，但現在我確實有些微醺。

雖然不是在深夜裡寫的情書，但在這種奇怪的狀態下衝動打出來的訊息，又急著發出去的話，可能常會發生讓自己後悔不已的狀況。

我想，我需要一點時間冷靜一下，順便醒醒酒。

不如，就趁現在用手機來聽一段博士的講義好了。

我把要發給阿蔻的訊息暫時存著，退出 LINE，然後轉頭向佐佐木先生借我用一下「洞穴」那間包廂。

我打開標註了星號的資料夾，不知這些是不是阿蔻原本打算下一次播給我聽的內容？於是我先把筆記的圖片存進手機。

接著，我點開了音檔。熟悉的聲音，在比平時更空蕩安靜的「洞穴」中緩緩響起。

🎓

今天，我想和大家聊聊「需求」這個概念。

我們常常會說「有需求」，但你們覺得這句話真正的意思是什麼呢？

有人想要某個東西。阿蔻，你覺得是這樣沒錯吧？簡單來說，就是這樣沒錯。

不過，「想要」的英文是want，那「need」和「want」又有什麼不同呢？

那麼，「需要的人」和「想要的人」，兩者之間到底有什麼差別？

Need是「需要」，對吧？

這個問題聽起來有點像禪問，但其實在市場行銷的領域裡，這樣細膩清楚的定義用詞可是十分重要的一件事。因為，行銷就是一種以概念為主軸的團隊合作。

你可以想像一下，就像我們各自在腦海中共同下一盤棋，也就是好幾個人輪流接手一起下同一局棋。但如果我們連「這一個格子叫做5四」[4]的共識都沒有，那麼整場合作根本無法開始。

而這種「共識」，不只是為了團隊，也是為了自己。

如果你剛剛把飛車這顆棋子從2四移動到2八，卻沒有確實把這步記錄下來，過不了多久，你可能連自己剛剛下了什麼棋，然後下一步到底該怎麼走都會一頭霧水。

在市場行銷裡，為各種詞彙和概念建立明確清楚的定義，是奠定共識的基本關鍵。

基本需求（本能想望）渴望（一般產品類型）市場需求（特定產品名稱）

因此，在市場行銷領域中，我們會把人們對某件事物的「想望」區分為三個層次，也就是「基本需求」（Needs）、「渴望」（Wants）、「市場需求」（Demands）。每個層次都有明確的定義，我們今天就來具體說明這三者的差異。

首先，「基本需求」指的是人類為了生存「必須」滿足的基本需求，也可以說是存在於人性深處、無法被剝奪的本能欲望。

舉例來說，我們為了生存，就需要食物、水、衣服，以及一個安全的居所。對這些要素的渴望，稱為「生理性需求」。

但人類不只追求生存，我們還渴望與朋友和伴侶建立情感連結、獲得他人的認同，以及體驗自我成長。這些更偏向內心層面的需求，我們稱之為「心理性需求」。

你可以試著想像一下，如果一個人完全無法獲得上述任何「心理層面」的滿足，會陷入多麼痛苦

4 日本將棋稱呼棋子所在定位格的方式。通常以阿拉伯數字記縱向格子，大寫數字記橫向格子。

的狀態？也正因如此，以長遠的角度來看，在市場行銷上我們會認為這些「心理性需求」，其實和生理性需求一樣，都是人類「生存下去不可或缺」的要素。

當這些「基本需求」進一步具體化為「一般產品類型」時，就會成為人們「渴望」的對象。比如說，「希望出差時有一個安全、安心的居住空間」這樣的需求，具體化成「商務旅館」。「希望被社會認同、展現自我社經地位」的心理需求，則可能具體化為「高級西裝」或「高級房車」。

像以上這些已是一般產品類型化的名詞，即是對人類基本需求的具體回應。這個部分在市場行銷上稱為「渴望」。

再更進一步，當「渴望」轉化為某個特定商品且實際販售時，就會成為「市場需求」。

舉例來說，就像「高級房車」這類產品類型的渴望，當它具體化成為「賓士C系列」這個明確的商品時，在市場行銷上會將渴望這些已經被具體化的產品需求，稱為「市場需求」。

我們可以將以上內容歸納整理在白板上，請見下圖：

當我們從顧客的「主觀意識」來看，只要某樣東西讓人「想要」且覺得「買得起」，它就屬於「市場需求」的對象。

就拿那種擁有獨立個人空間、還附有淋浴設備的超奢華頭等艙來說，大概很少有人會說「我完全不想搭搭看」。

但如果前提是「真的得自己掏錢買票」，那麼會說「我想要」的人，恐怕就沒那麼多了。

當我們說要「調查某項商品的市場需求」時，其實我們真正想知道的是，有多少人屬於「有可能真的會掏錢購買」的潛在客群？

這時候要注意的部分是，就算大家嘴上都說「想要」，也就是具備所謂的「渴望」，那也不代表這項產品已經具備足夠的市場需求（Demands）。因為很多人雖然「想要」，卻從沒打算「真的購買」。

如果不先把這些概念區分清楚，再繼續進行

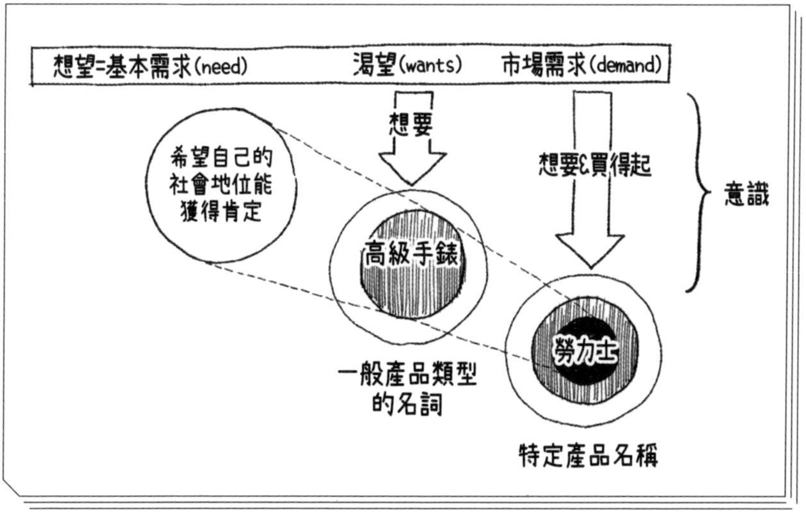

討論，就很容易發生研發部門根據使用者問卷調查「有需求」的結果，推動一個企畫案。結果業務部門卻跳出來反對說「這種商品根本沒市場」的尷尬狀況。

乍看之下，這是對產品前景的認知分歧，其實只是雙方使用的「需求」概念不同。研發部門說的「有需求」指的是大家有興趣、有「渴望」（wants）；業務部門說的「沒有需求」其實是指市場需求（demand），沒人會真的花錢買。兩邊明明講的是不同的東西，卻都用「需求」（needs）一詞來稱呼，當然會產生衝突。

在充滿渴望與需求的現代社會裡，基本需求反而最容易被忽略

我們或許可以透過確實釐清語詞的定義、建立共識，解決雙方在用語層面模糊不清的問題。但只有這樣，並不能解決所有的問題。

反而是到了這個階段，真正的挑戰才正要開始。你能不能從一連串模糊又瑣碎的資訊中，準確挖

掘出顧客的「基本需求」？而且還要能把這個基本需求，正確轉化為「渴望」與「市場需求」。

這裡最困難的地方在於，多數人其實連自己也不清楚自己的基本需求，即使直接詢問顧客，也沒有清楚的認知。

現代人在日常生活中，其實很少會清楚意識到自身深層而根本的渴望。像是「為了生存而想填飽肚子」、「希望社會能肯定自我地位」這類基本性的需求，我們幾乎不會主動察覺。

因為我們大腦大部分的注意力，其實都被日常生活中那些更為具體的市場需求或產品渴望所吸引、占據。

例如這次的年終獎金該拿來買西裝好呢？還是買電玩主機好？如果是買電玩，要選Play Station呢？還是Xbox？當我們一旦開始陷入這種猶豫和比較時，腦中思考的早就不再是「我為什麼需要買西裝或電玩主機」此類深度的基本疑問，而是「哪個選項比較好」。

正因為生活在現代社會的我們，生活周遭充斥著形形色色的渴望和市場需求，那些位於根源的基本需求，反而不容易發現。

如果你每天唯一能吃的食物只有猛瑪象的肉，那麼為了活下去而想吃東西的基本需求，就會顯得格外清楚明確了吧？

在這種情況下，不只是顧客難以察覺自己的「基本需求」，連企業本身也常常無法察覺那些潛藏於深處的根本需要。

會造成這樣的原因在於即使企業沒有深入思考基本需求，只是根據表面的渴望研發商品，也照樣能將產品賣出去。

如今，大多數企業的研發邏輯，是從顧客已經表現出來的渴望出發，試圖在這些渴望上創造新的市場需求。例如：有「想買筆電」的顧客需求，就研發一款新型筆電、有人「想住高級飯店」，就設計一家嶄新風格的奢華旅館，基本上就是依照顧客渴望的邏輯發展。

深入追溯渴望的源頭，再反向創造出全新的渴望

另外，有企業運用這種模式，深入追溯基本需求的根源，接著反推設計出全新的渴望對象，進而創造出前所未有的商品類別。

由於這類創新商品在初期市場上沒有競爭對手，自然能帶來更高的利潤與品牌價值。

就算之後有其他品牌跟進，在初期仍能享有幾乎無競爭的優勢局面。

甚至還能運用前面提到的「領導者效應」。先創造市場的品牌，就能在顧客心中搶先占有那個商品類別的「代表性印象」。一旦這個印象深植人心，市占第一的地位便有可能長期穩固，是一個極大的附加價值。

例如，亞瑟士集團的「瞬足」品牌就做到了這一點。他們從「小學生穿的時尚外出鞋」這個既有的渴望出發，進一步追本溯源，深入探索背後真正的根本需求，最終塑造出一個嶄新的需求：「能跑得更快的運動鞋」。

在當時，學校規定的室內鞋無法自行挑選，小學生唯一能展現個人風格的鞋子，就是放學後穿的外出鞋。因此，這些外出鞋是當時孩子們展現時尚流行的重要象徵。

深入觀察這樣的需求後可以發現它真正的本質，其實是一種剛萌芽的、想要被同儕認可、注意的心理。

這樣單純又可愛的認同心理，在當時先被轉化為「時髦有型的外出鞋」這樣的具體渴望（wants），再進一步由耐吉、New Balance 等品牌轉換為具體商品供消費者購買，形成實際的市場需求（demand）。

但仔細一想，在小學裡最受矚目的，並不是那些穿著「特別時髦」的孩子吧？也不是「功課最好」的孩子，而是「跑得最快」的孩子。

亞瑟士公司正是看準了這一點，將「想要獲得高度認同」的此一深層需求，重新塑造為明確的渴望，即是「一雙能讓你跑得更快的運動鞋」。

他們將這個渴望具體化為商品，推出了名為「瞬足」的運動鞋，成功創造出全新的市場需求，成為小學生外出鞋市場中空前熱賣的商品。

儘管此一「跑得快的運動鞋」品項，後來也有其他品牌陸續加入。

但因為是「瞬足」率先開創了這個新類別，品牌形象已經悄悄深入消費者心中，牢牢占據了第一印象，因此它至今仍穩居市場龍頭。

有人說，行銷的本質就是創造市場需求，也就是打造渴望，這句話其實非常有道理。

更精確地說，行銷的關鍵就是從基本需求出發，逐步挖掘出新的渴望，再進一步塑造成實際市場需求。「瞬足」就是實際運用這整套流程的經典案例。

這裡有一個需要注意的關鍵，就是所謂「創造需求」，並不是要讓消費者想要購買原本並不想要的東西，更不是捏造出一個不存在的需求。

行銷的角色，是從人們內心深處早已存在、卻未被察覺的需求出發，轉化為可實現的具體選擇。

常有人批評廣告和市場行銷根本是洗腦，企圖讓人買下原本根本不需要的東西，根本是詐騙。但事實上，市場行銷根本沒那麼神通廣大。要創造出人們心底真正的「需要」，恐怕也只有神才做得到。

所以對我們這些行銷人來說，最重要的是去理解那些早已存在於人們內心深處的「需要」。然後，設法提供選擇、給出回應，讓那份需求被看見、被滿足。

很多時候，人們內心深處真正需要的東西，往往不會主動顯露出來，更不會用言語表達。有時候，那些需要不要說是外人，甚至連當事人自己都很難察覺。

行銷人真正該做的，是找出那份深藏不露的渴望，並設法給予相應的滿足。或許聽起來有點誇張，但這份工作，其實可以說是一種對人的關懷，某種程度上，甚至是一種對人類的愛。

在沒有阿蔻陪伴解說的包廂裡，聽完博士的課程後，那份沉默的空氣感覺起來格外不同。那份深深的沉默，彷彿隱身於山中的禪寺，連遠處的風聲都能清晰地傳入耳裡。

當我聽完博士課程的內容，突然覺得能理解，阿蔻為什麼會那麼熱心又認真地幫我和桃太郎找出自己的方向、規劃職涯。

或許，我了解了這樣做根本不需要什麼「原因」。

就像你看到一個人受傷且痛苦到整個身體蜷曲時，自然會上前詢問並伸出援手一樣。那不是為了達成什麼其他目的而做出的行為，只是因為，你看見了那份需要。

人內心深處的真正需要，很少會說出口，就算沒說出口、就算連自己都沒察覺，為了生存、為了幸福的工作，那份真實的需要依然存在。

若你理解了那份需要，並嘗試尋找、滿足它，這樣的舉動，其實就跟伸出援手協助那位受傷且身體痛苦蜷曲的人一樣，沒有原因，也不需要任何理由。

或許，這就是阿蔻的日常，也是她的生存方式。

那麼，當有人對你伸出援手時，你該怎麼回應呢？

換個角度想，假如有一天對方遇到困難時，你會成為主動伸出援手的那個人嗎？

或者是，你會成為那位願意接受他人協助的人呢？

如果你目前還沒有這樣的自信，或許至少可以試著對這一切的協助表達「感謝」，而不是覺得「理所當然」。唯有表達出真心的敬佩與感謝，才能稍稍釋懷自己內心那份愧疚與不安。

為什麼阿蔻會那樣全心全意地協助桃太郎呢？為什麼她對我，也是如此盡心盡力地付出那麼多？

當自己開始尋找這些問題的答案，想到過去根本沒有帶著敬意，甚至也沒有懷著多少感謝的自己，我只覺得一陣臉色蒼白，彷彿有人一語道破自己內心最自私、羞愧的部分。

桃太郎究竟是在什麼時候、怎麼聆聽這場講義的呢？

因為錄音裡沒有桃太郎的聲音，他該不會也曾像我一樣，錯過當天的課程，只能在事後一個人靜靜補聽吧？

那時候的他，又是用什麼樣的心情聽課、腦海裡又思考著什麼呢？

剛才那杯「Operator」調酒帶來的微醺，此刻已完全消散。

在這同時，我坐在吧台回阿蔻訊息時，那股不知從何而來的衝動情緒，也完全消失的無影無蹤。

我拿起手機，點開 LINE，那行我剛才輸入、還沒送出的文字仍靜靜停留在與阿蔻的對話視窗中。

小夢的現場吉他彈唱我有去！謝謝妳傳給我講義的錄音檔。對了，有件事想請教妳，妳可以當我的人事職涯開發顧問嗎？

我靜靜看著這行文字，接著全選、刪除。然後，我重新輸入了這樣一句話。

> 小夢的現場吉他彈唱我有去！謝謝妳傳給我的講義錄音檔。還有一直以來，真的很感謝妳願意協助我，真的非常謝謝妳。
> 接下來的日子，我會先試著自己一個人，繼續挑戰博士的課程。
> 不過，練完踢拳之後，偶爾還是要一起去「棲之木」坐坐。
> 不是為了講義，而是偶爾我也想聽妳抱怨一下生活。

我從「洞窟」包廂探出頭，看了一下吧台那邊的佐佐木先生。他像往常一樣咧嘴一笑，用那招牌的親切笑容朝我點了點頭，我也輕輕回點了一下頭，接著按下了傳送鍵。

那天，從一早開始我幾乎就沒有喘口氣的空檔。

我稍微提前進公司，還沒坐定，便一邊等著主管對我昨晚深夜寄出的簡報資料，發出修改的指示，一邊把自己鎖進了遠距會議專用的獨立小隔間，一遍又一遍反覆練習待會兒要用的簡報。

早上十點多，主管修改簡報的信件終於傳來，結果要改的地方比我預期的還要多出許多，讓我不得不中斷練習到一半的簡報。

簡報預定在中午十二點半開始。若以自己盡全力發揮最佳效率的表現來看，我頂多算是有機會剛好壓線趕上這份大規模的修改任務。偏偏今天早上忙到連平常必喝的咖啡都沒空喝，讓我的胃隱隱作痛。

在這種時候，公司的這種獨立小隔間就變成很實用的地方。

至少不會被那些踩著彈性上班時間遲到邊緣，壓線進公司的同事，不經意地輕鬆聊天干擾心情。

就在簡報開始前的最後十分鐘，我總算修改完所有簡報，用 Slack 把最新版的簡報檔案傳給主管後，就一路衝到二十樓的事業群總經理會議室。

這場簡報總算順利的完成。

主管和事業群總經理接著針對簡報進行提問和討論，最後，這次的提案也順利通過。

雖然不論是主管或同事，對我的簡報表現都沒有什麼特別的評語，但提案成功過關，整個小組的人士氣都十分高昂。

當我回到自己的座位時，早上在7-Eleven買的熱咖啡早已變涼，成為一杯冷掉的苦澀咖啡。

我一邊慢慢地像喝威士忌一樣小口的啜飲著，一邊打開信箱，開始補看那些被我暫時丟下不管的郵件。這時，時鐘的指針已經快要指向下午兩點了。

在公司附近的中目黑車站一帶，午餐的選項多到選擇困難，但偏偏一過兩點，多數餐飲店就會停止供應午餐。

我慌慌張張地從公事包裡拿出錢包，連西裝外套都來不及穿好，就急急忙忙往電梯口衝去。

電梯門打開時，我剛好看到桃太郎跟阿蔻站在裡面。

兩個人都帶著公事包，看來像是正要出門去和客戶開會。

桃太郎一如以往，即使只是去洗手間、吃午餐，也都維持穿西裝、打領帶的樣子。員工們早就習慣從他手上那只黑色鋁合金公事包，推測他今天的行程走向。

我快步走進了電梯，點頭打了聲招呼。阿蔻笑著跟我說：「一郎，辛苦了。」

正在低著頭滑手機、表情嚴肅的桃太郎聽見聲音後抬起頭，直直地看著我。

「我要成為業界的鈴木一朗。」

他像是自言自語的小聲說著這句話，然後用一種彷彿在尋求認同和確認的眼神看著我。

我有些錯愕，沒想到桃太郎竟然還記得我。

畢竟，上次真正面對面說話，已經是七年前那場面試的事了。

但直接回答「是的，我是那個一郎」感覺怪怪的，說什麼「謝謝您還記得我」又感覺會被阿蔻笑。

所以我只能有點手足無措，像隻討好人類的小企鵝一樣，微微傻笑著點點頭。

就在我一邊手忙腳亂地按著開門鍵，等著讓兩人先出電梯時，桃太郎從我身旁走過，看著我的眼睛開口說：

「我可不會輸給你唷！」

桃太郎說這句話的表情既不像是在哄我，也沒有半點開玩笑的意思，是認真的把我當成他的對手，冷靜宣戰。我抿緊了嘴唇，深深地一鞠躬。

看著他們兩人踏出公司大門，逐漸消失在明亮春日午後陽光中的背影，我小聲地說了一句：

「我也不會輸給你的。」

符合市場需求

- 基本需求(本能想望)→渴望（一般產品類型）→市場需求（特定產品名稱）
- 在充滿渴望與需求的現代社會裡，基本需求反而最容易被忽略。
- 深入追溯渴望的源頭，再反向創造出全新的渴望。

《想望、渴望、市場需求》

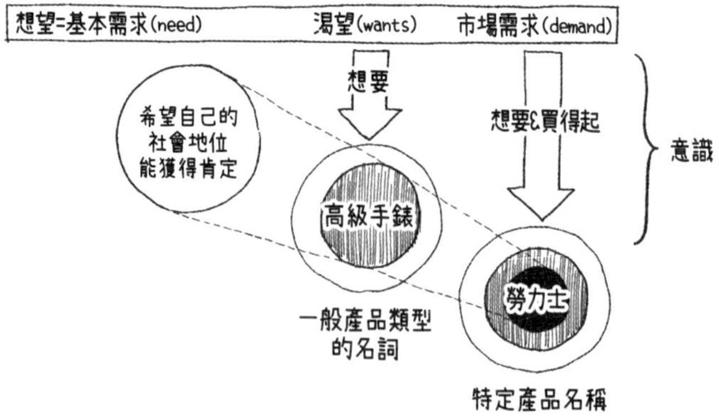

尾聲

距離上一次在「棲之木」這樣好好和阿蔻坐下來聊聊，已經過了整整一年。

當初是我自己說出「偶爾也想聽聽妳的抱怨」，結果真正想開口邀約時，卻又猶豫不決、一拖再拖，轉眼間就過了一年。

更重要的是，我想在跟阿蔻見面之前，先把博士的課程聽完，而且最好能在消化完那些內容之後，運用在工作上，做出一點屬於自己的成果。

但單打獨鬥的這一年，當然無法像在事後聽阿蔻描述桃太郎的成功故事那樣，有後見之明般的順利。

如果這一年內我曾經成功執行過什麼大型專案，或有被主管委以重任之類的事情，或許還能藉著這些機會主動聯絡阿蔻。

可惜，現實就是如此殘酷。在公司七年以來從未發生過的事，怎麼可能在這一年裡，突然就有了什麼改變。

雖然回想起來，這一年間我和阿蔻在公司裡倒也常常碰面，去練習踢拳時，雖然我們倆都很有默契地錯開回家時間，但在練到一個段落休息時，還是會順口聊上幾句。

所以像現在這樣，坐在「洞窟」包廂裡聊天，我自己倒是沒有什麼「好久不見」的生疏感。

「很不好意思，明明當初是我自己先說偶爾也要聽妳抱怨的，結果到現在一次都沒做到。」我苦笑著說。

「沒關係啦！聽人抱怨本來就是酒保的工作啊！」

我們兩人的視線同時望向吧檯的佐佐木先生。他向往常一樣轉過身來，笑嘻嘻地隨性跟我們聊了幾句。

「不過呢，今天其實我比較想聽一郎你的近況喔」阿蔻接著說。

其實這次會和阿蔻見面，是阿蔻先傳了封 LINE 訊息給我。她寫著「一郎，好久不見了！最近過得還好嗎？」

老實說，這訊息對現在的我來說，根本就是天時地利人和。因為最近我心裡正好有件很想找她討論的事。

「嗯……說起來有點不好意思，這一年裡也沒什麼特別值得拿出來說的成績。既沒做成什麼大案子，主管也沒有交給我什麼重要的任務……」我邊說邊苦笑。

「不過，小夢有跟我說，你最近會聽他們幾個同期的後輩聊工作上的煩惱吧？」

我點點頭說：「其實也不算什麼正式的諮詢啦！單純只是聽聽他們的煩惱而已。和那群朋友是當初去聽小夢的街頭彈唱後認識的。之後又一起去卡拉OK唱歌、互相交換了LINE之後，不知道為什麼，他們就常常來找我聊聊、吐吐苦水。其實啊！從以前開始，被後輩當成很好說話的前輩這件事，我還挺有自信的呢！」

「能讓後輩們這樣信任的分享自己的心事，也是種很棒的能力喔！誰都能和你自在地聊天，沒有壓力，這樣的人真的不多。而且，看似只靜靜聽對方說話，其實是滿困難的一件事呢！」阿蔻笑著說。

「我是不知道到底難不難啦！但說真的，每次聽他們訴苦，我自己也蠻累的。大概是太容易產生共鳴了吧？聽著聽著，好像連自己的心情也跟著被影響了。」

「那才是最關鍵的呢。」阿蔻點點頭，「能真正用心去產生共鳴，對方就能像照鏡子一樣，從你這裡看到自己內心的模樣。只要這樣，他們就能慢慢釐清思緒，慢慢尋找到答案，也不一定非得要給他們什麼建議。」

「嗯，真的有這種感覺。看著他們自己想通、找到答案的時候，我打從心底替他們開心。老實說，最近，這些事情比起我自己完成了什麼工作、還是被主管稱讚，還更讓我覺得有成就感！不過，說不定也可能只是因為最近我自己幾乎沒什麼特別可以拿出來說嘴的表現啦！」我笑笑地補了一句。

阿蔻笑著說：「一郎，你現在做的事情，已經是很棒的『教練式引導』了耶。讓對方放下戒心、安心開口說出內心的想法，然後你真誠的產生共鳴、回應，讓對方能有機會從你身上看到自己，重新整理思緒。這些其實都是專業教練會用到的技巧喔！」

就這樣在和阿蔻聊天的過程中，我突然發現，原本想和阿蔻討論的煩惱，竟然已經逐漸在自己心中煙消雲散，答案也慢慢浮現在腦海裡。

「我啊！從進公司到現在，一直都在做業務，從來沒想過別的跑道。雖然現在每天只是戰戰兢兢地想著提升業績，免得被裁員，但剛開始進來的時候，我其實也曾想過要努力做出漂亮成績，然後升上部門主管之類的……」我繼續說著。

阿蔻一臉認真地看著我，微微地點了點頭。

我又接著說「不過，後來我漸漸意識到公司現有的那些職位，其實只是將公司裡某些人的基本需求具體化出來的一種形式。像事業群總經理或社長這樣的角色，是因為需要有某個人負責決策的這項基本需求，才會衍生出這些被眾人渴望的職位。反過來想，或許在公司裡還有一些尚未成形的渴望，但卻實際存在的基本需求。在這之中，有沒有什麼是自己可以去回應、滿足的呢？」

聽到自己這樣說，阿蔻用力地點了兩次頭。

「像現在這樣，後輩們有時候想找個人輕鬆地聊聊工作上的事情，我覺得這或許也是某種還沒有被具體化，而且自己又有能力回應的其中一種基本需求吧？然後我突然想到，阿蔻，妳當初設計人事職涯開發這個制度，是不是也是為了把某些人的潛在需求，轉化成公司中的具體職位呢？」

阿蔻聽完我說的話，原本緊繃的表情似乎放鬆了下來，整個人輕鬆了不少。

「我現在，有點想試試看擔任ＨＲＣＰ。」我繼續說著，「雖然人事職涯開發這個職位聽起來門檻有點高，但如果是像我這種總是被後輩們當成可以隨時聊天的人來做，說不定更適合這個角色，能讓更多人願意來跟我聊聊……雖然，我也不確定公司會不會同意就是了……」

「很不錯啊！」阿蔻說。

「而且，將來我也想像阿蔻當初創立人事職涯開發制度一樣，去找出那些還沒有被說出口、沒有被明確定型的需求，試著把它們具體化，變成新的制度或職位……就像妳當初創立HRCP那樣。」

「嗯，我覺得這真的很好喔！」

阿蔻聽完後馬上這樣說。

我原本還以為她會再多說些什麼，但她只是低著頭看著杯中威士忌的冰塊，沒有再多說話。

我也跟著用力地點了兩下頭。卻又突然發現，完全想不到自己之後應該繼續說些什麼。

柔和的背景音樂，像涓涓細流般，緩緩流入寂靜的「洞窟」裡。

我一時不知該怎麼打破這樣的靜默，只好伸手拿起叉子，想把剩下的義大利麵吃完。就在這時，突然不知從哪裡傳來陣陣輕柔的女聲。

那歌聲雖然微弱，卻意外的澄澈而透明。

回過神後，我才發現坐在我對面的阿蔻，正隨著店內的背景音樂輕輕哼唱了起來。

阿蔻會這樣自在地唱著歌，實在很少見。

還記得像這樣來「洞窟」和她一起聽課、聊天之前，過去在公司聚餐後一起去續攤的卡拉ＯＫ裡，她總是一臉開心地聽著大家唱歌，但自己卻從來沒有拿起過麥克風。

「咦，這首歌……我在桃太郎先生的ＩＧ直播裡有聽過呢！不過他那裡是改編成雷鬼風格的版本。」我邊聽邊說道。

「這首歌叫〈寶貝，我喜歡你現在的樣子〉（Baby, I Love Your Way），是美國青春喜劇電影《四個畢業生》（Reality Bites）的插曲。是我高中時期的流行歌呢！」阿蔻輕輕回答。

「高中的時候……所以，應該不是和桃太郎先生一起聽的囉？」

我試探著問了一句。阿蔻聽了後沒回答，只是輕輕移開了視線，抬頭望向牆上那道間接照明的柔光。

我自己也轉頭看向「洞窟」外，只見吧台後方架子上、整齊排滿了各式酒瓶。

不禁心想，之前在桃太郎的直播中介紹過的那瓶造型時尚的高級龍舌蘭，會不會也靜悄悄地擺在其中某個角落？

「你有看《怪奇物語》（Stranger Things）嗎？」阿蔻突然問道。

「Netflix 上那部吧？有啊，很好看。」我點點頭。

「那部劇裡演主角媽媽的薇諾娜．瑞德（Winona Laura Horowitz），當年可是我們心中最可愛的二十二歲女孩呢。我們這個年代的人，只要看過那部電影，通常隔了幾年後都會忍不住再重頭看一次。」她輕輕笑了笑。

「因為很經典吧？」我問。

「也可以這麼說啦。不過那部電影的內容就和英文片名「現實總是狠狠咬你一口」一樣，講的是『現實的殘酷』。薇諾娜•瑞德從大學畢業後，好不容易進了憧憬已久的電視台工作，卻發現做的全是瑣碎雜事，慢慢覺得『跟自己想像的不一樣』，然後陷入掙扎。」

「聽起來真的超寫實耶！這不就是社會新鮮人的日常嗎？」我苦笑著說。

「那部電影講的是四個男女一起生活的故事。每個人都在獨自面對『和自己原本想像完全不同』的現實社會。飾演男主角的伊森．霍克（Ethan Green Hawke）是個富有哲學知識又聰明的人，可是無法融入真實社會，只能當個吊兒郎當的樂團邊緣人。」

「那部電影好像很有趣耶。」我笑了笑，對那部電影也開始感到好奇。

「高中的時候，總覺得那些掙扎或挫折好像很『酷』，甚至還有一種憧憬的眼神。可是等到幾年後真正踏入社會時，才會突然發現自己的日常，不正是電影中曾經上演的劇情嗎？」

「然後邊看邊想：『原來當時演的就是這個喔！』，一邊回頭再看一次。」

當我這麼說時，阿蔻不知為何撲嗤一聲笑了出來。

「我剛進公司的時候啊！有一次我們四個同期聚在同事房間裡喝酒，發現她家裡剛好有那張DVD。當下那個場景簡直就像《四個畢業生》裡的室友生活，大家當場就決定一起看。」

「那時桃太郎先生也在場嗎？」

「他可是整晚看得最認真的一個呢！」

那時候，應該誰也沒想到，被現實狠狠咬住的，不是別人，正是桃太郎先生。

至於阿蔻，雖然當時一切還算順利，之後卻在美國經歷了更嚴酷的考驗。

「妳曾經說過，去美國第一年時會反覆看一部喜歡的電影，該不會就是這部《四個畢業生》吧？」

說話時目光一直游移不定的阿蔻，聽到這句話後，突然認真地凝視著我的眼睛。

但我的這個問題，卻像是被吸入了時空扭曲的黑洞裡，沒有得到回應。

「這首歌現在聽起來，還是很好聽耶。之前好像聽過翻唱的版本，也許這個才是原版吧？」她淡淡地說。

「這首歌叫『Baby, I Love Your Way』對吧？是什麼意思呀？」

「應該是『我喜歡你現在的樣子』吧？或者是，『我喜歡你的生活方式』。」阿蔻輕輕地說。

我心想，那真是一種對一個人生活方式誠摯又溫柔的尊重。

我們每個人，大概都曾被嚴酷的現實狠狠地咬過一口，也曾拚了命地設法掙脫逃離那種痛苦，然後把自己封閉在蛹中，不斷地重新檢視自己。直到某一刻，才又終於鼓起勇氣，小心翼翼地試著向外跨出第一步。

這樣一路走來，一點一滴建立起來的自我風格或生活方式，在自己眼裡，根本就是跌跌撞撞、狼狽不堪。那些選擇，完全和所謂的耀眼又光鮮的成功扯不上關係。

但如果有人能對你說：「我喜歡你活出自己的樣子」、「我喜歡你選擇人生的方式。」……，或許，這樣簡單的一句話，就會成為一種魔法，為那些狼狽不堪又充滿挫折的努力帶來肯定與祝福。

「我很喜歡阿蔻活出自己的樣子。」

當我回過神來，才發現這句話已經不自覺地脫口而出。

阿蔻驚訝地張大雙眼，接著輕輕一笑，像是終於放鬆下來似的，用指尖抹了抹右眼的淚光。

參考文獻

【書籍】

《柏拉圖》齋藤忍隨
岩波書店

《論品牌策略》田中洋
有斐閣

《品牌行銷的科學：11個你不知道的秘密法則》（How Brands Grow: What Marketers Don't Know）拜倫・夏普（Byron Sharp）著 朝日新聞出版

《科特勒、凱勒、切爾涅夫的行銷管理論》（Marketing Management）菲利普•科特勒、凱文・萊恩・凱勒、亞歷山大・切爾涅夫（Philip Kotler, Kevin Lane Keller, Alexander Chernev）合著 丸善出版

Al Ries, Jack Trout,
The 22 Immutable Laws of Marketing, HarperCollins

David Ogilvy,
Ogilvy on Advertising, Prion Books Ltd.

Doris Kearns Goodwin,
Team of Rivals: The Political Genius of Abraham Lincoln, Penguin

【網站】

「ダイエー、不振の20年が示す『革命』の代償」
https://toyokeizai.net/articles/-/76642

「データサイエンス・AIと共生する豊かな社会へ　鍵を握る文系学生の教育」
http://www.mi.u-tokyo.ac.jp/consortium/topics12.html

「トヨタ セルシオの価格・新型情報・グレード諸元」
https://kakaku.com/item/70100110040/

「【2023年版】牛丼チェーンの店舗数ランキング」
https://www.nipponsoft.co.jp/blog/analysis/chain-gyudon2023/

「パナソニック『宣伝広告は義務』創業から貫く深いワケ」
https://dot.asahi.com/articles/-/125917

「レクサス LS（LS）LS460（2007年8月）カタログ・スペック情報」
https://www.goo-net.com/catalog/LEXUS/LS/10048600/

「『私には夢がある』（1963年）」
https://americancenterjapan.com/aboutusa/translations/2368/

"Dove Our mission is to make a positive experience of beauty accessible to all women"
https://www.unilever.com/brands/beauty-wellbeing/dove/

"Dove Our vision"
https://www.dove.com/us/en/stories/about-dove/our-vision.html

"Lemon: Volkswagen Ad that Forever Changed America"
https://www.madx.digital/learn/lemon-volkswagen-ad

"Miller saw the Lite and figured out how to sell it"
https://www.chicagotribune.com/dining/ct-rosenthal-miller-lite-beer-0301-biz-20150228-column.html

"What's The big ideaL?"
https://www.ogilvy.com/sites/g/files/dhpsjz106/files/pdfdocuments/Ogilvy_WhatsTheBigIdeaL.pdf

TOP
34

幸福的工作在哪裡？

週一早晨也想上班！
下班後酒吧裡的行銷課，
教你找到理想工作的行銷公式

幸せな仕事はどこにある：
本当の「やりたいこと」が見つかる
ハカセのマーケティング講義

作者／井上大輔
譯者／陳維玉

責任編輯／魏珮丞
書籍設計／成宮 成
封面及內文插圖／水谷慶大
內文圖表／背景倉庫（PIXTA）
中文版書籍排版／謝彥如
總編輯／魏珮丞

出版／新樂園出版／遠足文化事業股份有限公司
發行／遠足文化事業股份有限公司（讀書共和國集團）
地址／231 新北市新店區民權路 108-2 號 9 樓
郵撥帳號／19504465 遠足文化事業股份有限公司
電話／（02）2218-1417
信箱／nutopia@bookrep.com.tw

法律顧問／華洋法律事務所 蘇文生律師
印製／呈靖印刷
出版日期／2025 年 09 月 10 日初版一刷
定價／420 元
ISBN ／ 978-626-99557-9-4
書號／1XTP0034

國家圖書館出版品預行編目 (CIP) 資料

幸福的工作在哪裡？: 週一早晨也想上班！下班後酒吧裡的行銷課，教你找到理想工作的行銷公式 / 井上大輔著；陳維玉譯. -- 初版. -- 新北市：新樂園出版，遠足文化事業股份有限公司，2025.09
288 面；14.8x21 公分. -- (Top ; 34)
譯自：幸せな仕事はどこにある：本当の「やりたいこと」が見つかるハカセのマーケティング講義
ISBN 978-626-99557-9-4(平裝)

1.CST: 行銷學 2.CST: 通俗作品
496 114012040